全国中等职业教育水利类精品教材

全国农村水利技术人员培训教材

节水灌溉实用技术

主编　汪宝会　郑丽娟　郭振有

中国水利水电出版社

www.waterpub.com.cn

·北京·

内 容 提 要

本书系统介绍节水灌溉技术与工程实践，主要内容包括：地面科学灌溉、田间混凝土衬砌渠道、水泵及机泵测试改造、水资源供需分析、低压管道输水灌溉、喷灌技术、微灌技术、节水新技术、城市园林绿地节水灌溉。

本书根据节水灌溉技术的科研成果和实践经验进行整理，突出简明实用的特点，内容丰富，并附有设计实例，适用于中等职业学校农田水利专业的学生学习使用，可供从事基层水务管理工作者参考，还可作为农业与园林绿化灌溉工程设计参考用书。

图书在版编目（CIP）数据

节水灌溉实用技术 / 汪宝会，郑丽娟，郭振有主编
. -- 北京 ： 中国水利水电出版社，2015.1(2021.7重印)
全国中等职业教育水利类精品教材　全国农村水利技术人员培训教材
ISBN 978-7-5170-2906-9

Ⅰ．①节… Ⅱ．①汪… ②郑… ③郭… Ⅲ．①农田灌溉－节约用水－中等专业学校－教材 Ⅳ．①S275

中国版本图书馆CIP数据核字(2015)第020861号

书　　名	全国中等职业教育水利类精品教材 全国农村水利技术人员培训教材 **节水灌溉实用技术**
作　　者	主编　汪宝会　郑丽娟　郭振有
出版发行	中国水利水电出版社 （北京市海淀区玉渊潭南路1号D座　100038） 网址：www. waterpub. com. cn E - mail：sales@waterpub. com. cn 电话：(010) 68367658（营销中心）
经　　售	北京科水图书销售中心（零售） 电话：(010) 88383994、63202643、68545874 全国各地新华书店和相关出版物销售网点
排　　版	中国水利水电出版社微机排版中心
印　　刷	北京瑞斯通印务发展有限公司
规　　格	184mm×260mm　16开本　9.75印张　231千字
版　　次	2015年1月第1版　2021年7月第2次印刷
印　　数	3001—5000册
定　　价	**38.00元**

前　言

　　水是生命之源、生产之要、生态之基。水利是现代农业建设不可或缺的首要条件。水资源的短缺已成为制约我国国民经济和社会发展的重要因素之一，而节水的关键在农业，因为农业用水量占总用水量的 65% 以上。因此，农田水利的发展，要从节水上下工夫，大力推广节水技术，提高水的有效利用率，发展节水灌溉农业。

　　《节水灌溉实用技术》系统阐述了节水灌溉技术的组成、规划设计及运行管理，其主要内容包括：地面科学灌溉、田间混凝土衬砌渠道、水泵及机泵测试改造、水资源供需分析、低压管道输水灌溉、喷灌技术、微灌技术、节水新技术、城市园林绿地节水灌溉等。

　　限于编者水平有限，加之时间仓促，错误疏漏之处，恳请读者批评指正。

编　者

2015 年 1 月

目录

绪　　论

我国是个缺水国家，水资源的短缺已成为制约国民经济和社会发展的重要因素，而节水的关键在农业，因为农业用水占总用水量的 60% 以上。因此，农田水利的发展，要从节水上下工夫，大力推广节水技术，提高水的有效利用率，发展节水农业。水利部规划在 2010 年，在全国总灌溉用水量基本稳定的情况下，再净增农田有效灌溉面积 2000 万亩，有效灌溉面积发展到 87 亿亩，再新增节水灌溉面积 3 亿亩，全国节水灌溉面积占总灌溉面积的比重提高到 55% 以上，农业灌溉水有效利用系数争取达到 0.50 左右，全国平均综合毛灌溉定额在 2005 年的基础上再减少 20～30m³/亩。只有这样，才能使我国的农业生产持续稳定地发展。这是一项十分艰巨的任务，任重而道远。

水资源时空分布不均，受季风气候影响年内和年际差异很大，特别是在北方地区，春旱秋涝，旱涝无常。虽然按光热条件，可一年两熟或两年三熟，但由于降水不能满足作物需要，光热资源难以充分利用，特别是西北干旱地区，无灌溉则无农业。半干旱地区在发展旱地农业同时应发展节水灌溉。发展农业节水技术，改善耕地的水分条件，是我国农业持续发展的重要途径。农业节水涉及水、肥、土、种各种因素，农、林、牧、渔各个行业，以及粮、菜、果等种植结构和合理布局。搞节水型农业建设必须注重水利措施与农业、林果、土壤、农机等措施相结合。节水灌溉是其中最为关键的一环。节水灌溉技术，包括灌溉节水技术、灌溉节水制度、区域水资源平衡，以及在此基础上进行综合配套应用。

一、农业灌溉的涵义

在传统农业中，把只利用自然降雨抢播抢种、靠天等雨的做法称为旱地农业。在充分利用降水并结合灌水来补充土壤水分使作物不受旱的做法，称为灌溉农业。为提供维持作物成活所必须进行的人工灌水称之为抗旱灌溉，如保苗水。节水灌溉是对一般灌溉农业而言的，指真正实现了按作物需水而灌，是高水效的农业灌溉。而节水农业是指在充分利用降水和可用的水资源条件下，采取农业和水利措施提高水利用率和水的利用效率的高产农业。节水农业包括合理开发利用水源、节水灌溉工程技术、节水农业措施与节水管理措施。

二、目前推广的节水灌溉技术

目前推广的节水灌溉技术主要有以下几种：①地面科学灌溉；②渠道防渗技术；③低压管道输水灌溉技术；④喷灌技术；⑤微灌，包括滴灌、微喷、小管出流灌等；⑥喷-管结合灌；⑦节水灌溉制度与节水灌溉管理。

第一章 地面科学灌溉

地面灌溉是我国古老的一种灌水方法，早在数千年以前劳动人民就用来灌溉农作物，创造了格田淹灌、畦灌和沟灌等灌水方式。

地面灌水与其他先进的灌水方法（如喷、滴灌等）相比较，虽然有一定的缺点：如灌水定额较大，灌水的利用率低，容易破坏土壤结构，平整土地工作量大，灌水时费工较多等等。但必须指出，其最大特点是不需要能源。

第一节 作物需水量及需水规律

一、作物需水量

农作物生长发育过程中，从播种至收获消耗于植株叶面蒸腾和株间蒸发的水分的总和，称为作物需水量，也称为作物耗水量或腾发量，它是农田灌溉工程的一项基本参数。农田作物水分循环示意图如图 1-1 所示。

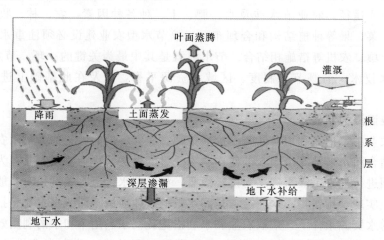

图 1-1 农田作物水分循环示意图

1. 田间实际耗水量的计算

作物田间实际耗水量通过田间灌溉试验中用于作物生长过程的灌水量、有效降水量、土壤水分消耗量和地下水补给量几项数值按水量平衡原理计算而定，如式（1-1）所示：

$$E = M + P + W + D \tag{1-1}$$

式中　E——作物全生长期需水量（耗水量），$\text{m}^3/\text{亩}$；

　　　　M——全生育期灌水量，$\text{m}^3/\text{亩}$；

P——有效降雨量，$m^3/$亩；

W——土壤水分消耗量，$m^3/$亩；

D——作物生育期内地下水补给量，$m^3/$亩。

2. 利用修正彭曼公式法计算作物需水量

$$E=K_c \cdot ET_0 \tag{1-2}$$

式中　K_c——作物系数，受作物种类、发育阶段及气候条件等因素影响；

ET_0——潜在腾发量，mm 或 m^3 亩。

$$ET_0=\frac{\frac{P_0}{P} \cdot \frac{\Delta}{\gamma} \cdot R_n + E_\alpha}{\frac{P_0}{P} \cdot \frac{\Delta}{\gamma}+1} \tag{1-3}$$

式中　P_0——海平面的平均气压，mb；

P——计算站点的平均气压，mb；

Δ——饱和水气压-温度曲线温度 T_a 处的斜率，mb/℃；

γ——干湿表常数，等于 0.66，mb/℃；

E_α——干燥力，mm/日；

R_n——净辐射。

二、作物需水规律

农作物的需水规律，决定于作物的特性、气象条件、土壤性质和农业技术措施等。作物在不同地区，不同年份，不同栽培条件下，需水量各不相同。

农作物日腾发量（即日需水量）一般在生长的前后期小，中期大。

作物生长中缺水最敏感期，一般也是需水最多的阶段，称为需水高峰期。此时期的灌水称为关键水。如果这个时期缺水，对作物发育和产量危害最大。几种主要作物的关键灌水期是：小麦在拔节—抽穗期；玉米在抽穗—灌浆期；棉花在盛花期；水稻在拔节—孕穗期。冬小麦、夏玉米的需水规律如图 1-2。

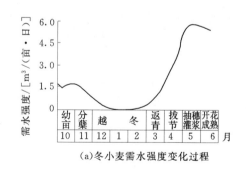

(a)冬小麦需水强度变化过程

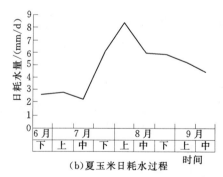

(b)夏玉米日耗水过程

图 1-2　冬小麦、夏玉米需水规律示意图

根据 1984—1985 年在海淀彰化、顺义中滩营、房山南梨园、延庆小丰营开展冬小麦田间试验的数据，全生育期平均需水强度分别为 1.96mm/d、1.73mm/d、1.83mm/d、1.79mm/d，见表 1-1。可以看出，需水量最多的阶段是抽穗—成熟期，占总需水量的 34.5%～50%，抽穗—成熟期是作物灌溉的重要阶段，其次是拔节—抽穗期，占 16%～

21.1%。从需水强度来看，抽穗—灌浆以及灌浆—成熟是两个高强度，平均值分别为5.39mm/d 和 5.72mm/d，后者略高。同时，地理位置的差异对冬小麦各生育阶段需水量的模系数变化有显著影响，海淀彰化与房山南梨园的越冬前需水量，分别为 103.5mm 和 48.8mm，相差近 1 倍，而这两个处理的产量与需水量相近。冬前需水量一般占 20%～30%，冬后需水量一般占 70%～80%。

表 1-1　　　　　　　　　　冬小麦各生育阶段需水量与模系数

站点	生育期	播种—分蘖	分蘖—越冬	越冬—返青	返青—拔节	拔节—抽穗	抽穗—灌浆	灌浆—成熟	全年育期	产量/(kg/亩)
海淀彰化	阶段需水量/mm	31.8	71.7	10.5	44.3	107.1	110.5	132	507.9	346.5
	日需水量/mm	1.59	1.53	0.1	1.55	5.35	7.89	5.5	1.96	
	模系数/%	6.3	14.1	2.1	8.7	21.1	21.7	26.0	100	
顺义中滩营	阶段需水量/mm	25.68	56.17	37.7	83.88	100.6	43.74	113.85	461.7	346.5
	日需水量/mm	1.07	1.37	0.3	2.33	4.37	4.86	4.95	1.73	
	模系数/%	5.6	12.2	8.2	18.2	21.8	9.5	24.7	100	
房山南梨园	阶段需水量/mm	26.4	22.4	26	70.3	88.2	83	150.1	466.4	385.8
	日需水量/mm	1.55	0.52	0.26	4.9	5.53	6.53	1.83		
	模系数/%	5.7	4.8	5.6	15.1	18.9	17.6	32.2	100	
延庆小丰营	阶段需水量/mm	52.5	38.7	94.5	49.5	80.6	80.6	107.7	504	234
	日需水量/mm	1.75	1.84	0.63	2.48	4.03	3.84	5.98	1.79	
	模系数/%	10.4	7.7	18.8	9.8	16	16	21.3	100	

注　模系数为阶段需水量与全生育期总需水量之比。

第二节　土　壤　水　分

土壤是由固体颗粒、液体水和气体三部分组成的多孔介质。以矿物质和有机质构成土壤颗粒的固体部分，由它形成土壤的骨架，使之有固定的形状。固体颗粒间具有大小不等的空隙，液态水和气体均存在于空隙当中。

土壤所含水分的多少用土壤含水量表示。那么，如何来衡量土壤中所含水量的多少呢？我们一般用土壤含水率表示，即土壤组成的三部分中水分所占的多少。根据表达方式不同，常有以下两种表达方法。

一、体积含水率

体积含水率是土壤中水分体积（cm³）除以土壤总体积（cm³）所得到的数值，即：
$$土壤含水率＝土壤中水分体积/土壤总体积 \tag{1-4}$$
例：一个体积为 100cm³ 的土体，其中含有 30cm³ 的水，则该土体的体积含水率为：30cm³/100cm³＝0.3 或 30%。

例：某人用体积为 100cm³ 的环刀取土样（即所取得的土样体积为 100cm³）称得土样重量为 154g，待土样烘干后再称得土样重量为 130g，则可以知道土样中水的重量为 154一

130＝24（g），已知水的密度为 1g/cm³，即体积为 1cm³ 的水重量为 1g，因此 24g 水的体积为 24cm³。因此土壤体积含水率 24cm³/100cm³＝0.24 或 24%。

二、质量含水率

质量含水率是土壤中水分的质量（g）除以干土质量（g）所得到的数值，即：

$$质量含水率＝土壤中水分的质量(g)/干土质量(g) \tag{1-5}$$

例：一个质量为 108g 的土体，其中含有 18g 的水，则土质量为（108－18）g＝90g，其质量含水率为 18g/90g＝0.2 或 20%。

注意：式（1-5）中的分母为干土质量，即为烘箱烘干后土体质量，而不是土样刚从田间取回还没有烘干时的质量，事实上，此时的土样质量称为湿土质量。

体积含水率、质量含水率按定义可用比值表示，也可用百分数表示。例如，质量含水率 0.21 与 21% 是一样的，同样体积含水率 38.6% 与 0.386 也是一样的。

体积含水率和质量含水率之间可按下列公式进行换算：

$$体积含水率＝质量含水率×干容重 \tag{1-6}$$

其中，土壤干容重为干土质量（g）除以土壤体积（cm³）。一般土壤干容重为 1.1～1.6g/cm³，当土壤为沙土或比较疏松时，土壤干容重值较小，而黏土或压实土壤，则土壤干容重较大。

当土壤孔隙没有被水充满，孔隙中还有部分被气体所占据时，土壤中的水分处于非饱和状态，称该土壤区域为非饱和带，称其中的水分为非饱和土壤水，简称土壤水。当土壤孔隙全部被水所充满，孔隙中没有空气时，土壤中的水分处于饱和状态，称该土壤区域为饱和带，称其中的水分为饱和土壤水。

三、田间持水量

田间持水量是指在田间土层内所能保持的最大含水量，也就是土壤毛管悬着水的最大含量，以占干土重的百分数表示。田间持水量是制定灌水定额的重要依据，其计算方法如下。

田间持水量的计算，由于取样分很多层次，而各层的含水率，厚度和容重都不同。故不应简单地取算术平均值，而应用加权平均值，计算公式如下：

$$田间持水量(\%)＝\frac{W_1 S_1 h_1＋W_2 S_2 h_2＋\cdots＋W_n S_n h_n}{S_1 h_1＋S_2 h_2＋\cdots＋S_n h_n} \tag{1-7}$$

式中　W_1、W_2、$\cdots$、W_n——各土层含水率，%；

$\quad\quad$ S_1、S_2、$\cdots$、S_n——各土层容重，g/cm³；

$\quad\quad$ h_1、h_2、$\cdots$、h_n——各土层厚度，cm。

第三节　节水灌溉制度

灌溉制度是为农作物高产节水制定的灌水方案，包括灌水次数、灌水时间和施灌水量。图 1-3 为科学灌溉制度、图 1-4 为合理灌溉制度。

灌溉的作用就是调节土壤含水量，使其尽可能保持在适宜含水区内。因此制定灌溉制度的原则，是当土壤含水量接近或达到适宜含水量下限，而且天气预报短期内又无较大降雨的可能，此时应进行灌溉，灌水量的多少是以使根层土壤含水量达到田间持水量为控制

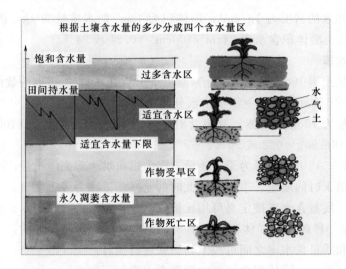

图 1-3　科学制定灌溉制度

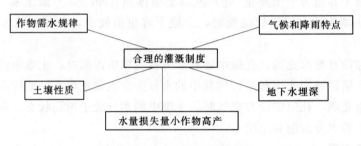

图 1-4　合理灌溉制度

标准。

制定灌溉制度的核心是确定灌水的时间和灌水量，即灌水定额。

一、灌水时间

作物何时灌水因作物品种不同而异，但均应在达到适宜含水量下限值时进行灌水。如冬小麦在北京及类似地区适宜含水量下限值取为田间持量的 60%，冬小麦全生育期通常需灌四次水。分别为：①播种期灌水，保证出全苗，长壮苗；②冬灌，表土封冻前灌水，保证越冬期小麦根系的生长；③麦拔节期灌水，促进小麦快速生长；④花或灌浆期灌水，促使小麦灌浆充分而取得高产。

二、灌水定额的确定

$$m = 667\gamma h(\beta_{\text{田}} - \beta_0) \tag{1-8}$$

式中　m——灌水定额，$\text{m}^3/$亩；

　　　γ——计划湿润层内土壤干容重，一般可按 $1.35 \sim 1.45\text{t/m}^3$ 酌定；

　　　h——计划湿润层的深度，m；

　　　$\beta_{\text{田}}$——田间最大持水量（以占干土重的%计）；

　　　β_0——灌溉前土壤含水率（以占干土重的%计）。

土壤计划湿润层：作物不同生育阶段，其根系发育和扎入土层的深浅各异，需要灌溉湿润的深度也有差别。因此应通过实际观测，取得各种作物各发育阶段湿润层的深度。如：冬小麦土壤计划湿润层深度拔节前取 0.4m，拔节抽穗取 0.5m，抽穗后取 0.6m。适宜含水率下限值取田间最大持水率的 60%，田间持水量一般砂壤土为 19%～21%，轻壤土为 22%～24%，中壤土为 25%～27%，灌前土壤含水量需灌前实测，一般变化范围大约在 10%～16%。

三、执行灌溉制度应注意的问题

1. 结合降水和土壤墒情，及时调整灌溉制度

根据土壤墒情监测结果，结合天气预报，苗情来确定具体施灌时间（即看地、看天、看庄稼）。作物适宜土壤含水量见表 1-2。

表 1-2　　　　　　　　　主要作物适宜土壤含水量表　　　　　　　　%

冬小麦	生育期	播种—出苗	分蘖—返青	返青—拔节	拔节—乳熟	乳熟—收获
	含水量	19～21	19～21	17～18	17～18	14～16
玉米	生育期	播种—出苗	出苗—拔节	拔节—抽穗	抽穗—乳熟	乳熟—收获
	含水量	14～17	15～17	17～20	17～19	17 左右
棉花	生育期	播种—出苗	现蕾期	开花成龄期	吐絮期	
	含水量	19～20	16～19	18～20	14～16	

注　含水量是指占干土重的百分数。

2. 结合水源，调整灌溉制度

在水源不足情况下抓关键水，播种干旱时灌保苗水。

3. 执行灌溉制度要讲求改进地面灌水技术

如：冬小麦应选用适合当地土壤条件的畦幅规格及相应的灌水技术参数。

第四节　地面灌水技术

地面灌溉方法主要分畦灌、沟灌、淹灌、波涌灌四类。

一、地面畦灌

畦灌是把田块用土埂围成畦田，畦田呈条形。灌水时从畦首开口放入，水流以浅薄水层沿畦田纵坡向前流动，整个水流是不稳定的非均匀流。在流动过程中，一部分水量不断渗入土壤，一部分水量在地面继续向前推移，到达一定距离时闭口断流。如图 1-5 所示，布置适宜的畦田，使水流推进通畅。其中，田宽 2～3m，田块长度 50～100m，进畦流量 3～4L/s。

图 1-5　地面灌水技术示意图

1. 畦灌研究理论依据

地面畦灌时，渗水量每时每刻都在改变，水流属于三维的空间变化流。试验研究时，利用水量平衡方程、土壤入渗方程、水流推进方程。

水量平衡方程为

$$HL = QT \tag{1-9}$$

式中 H——用水深表示的净灌水定额，mm；

   L——畦长，m；

   Q——进畦单宽流量，L/(s·m)；

   T——灌水历时。

根据式（1-9）计算出砂壤土、轻壤土不同灌水定额和进畦单宽流量下的畦长 L 值和水流到达长度 X 值，见表1-3。

表1-3　　　　　　　按 $HL = QT$ 计算的畦田长 L 值和水流到达长度 X 值

土质	$Q/[\text{L}/(\text{s·m})]$	H/mm 计算值/m	30		40		50	
			L	X	L	X	L	X
砂壤	2		24	19	33	27	51	45
	3		36	29	49	41	76	67
	4		48	38	65	55	101	90
轻壤	2		35	27	47	39	71	64
	3		52	41	70	59	108	96
	4		69	55	94	79	144	128
X/L			80%		84%		89%	

2. 对灌水质量的基本要求

（1）用灌后实测畦田首、中、尾蓄水深度，计算灌水均匀度要求达到80%以上。

（2）实际灌水定额与计划灌水定额相符，用水效率要求达到90%以上。

（3）进畦水流要求不冲不溢。

3. 田间畦灌灌水要素

田间畦灌适用于窄行密植作物，如小麦、谷子、牧草和某些蔬菜。畦灌的灌水技术要素包括合理的畦田规格、入畦流量和放水时间。畦田的规格和入畦流量与地面坡度、土壤透水性、作物布局、灌水定额等因素有关。通常畦长不超过100m，畦宽为2～4m，入畦单宽流量控制在3～6L/(s·m) 左右，以水量均匀分布和不冲刷土壤为原则。为了节约用水，提高灌水均匀度，常采用较小的灌水畦，应用时可参考表1-4确定。

表1-4　　　　　　　畦灌灌水技术要素

土壤透水率	地面坡度	≤0.002		0.002～0.005		0.005～0.01	
	要素	畦长/m	单宽流量/[L/(s·m)]	畦长/m	单宽流量/[L/(s·m)]	畦长/m	单宽流量/[L/(s·m)]
强		25～50	5～6	30～60	5～6	50～70	4～5
中		30～60	5～6	40～70	4～5	60～80	4～5
弱		40～70	4～5	50～80	3～4	80～100	3～4

畦灌时，为了使畦田上各点土壤湿润均匀，就应使水层在畦田上各点停留的时间相同。在实践中往往采用及时封口的方法，即当水流流到畦长的70%、80%、90%或100%时，就封闭入水口，使畦内剩余水流向前继续流动，至畦尾时则全部渗入土壤。停留时间按畦长根据试验或经验而定，通常情况下水流长度达到畦长的80%即可封口。

4. 北京地区开展地面灌水技术研究的成果

地面畦灌的入畦水流受到土壤渗透性能、地面坡降、糙率的影响；也因灌水定额、灌水历时、单宽流量、畦长和水流成数不同而异。前者属于自然因素，各地不同；后者属于人为因素，即通常所说的灌水技术要素。因地制宜地掌握灌水技术要素，是实现地面科学灌溉重要条件。

地面畦灌畦长是已定的，灌水技术关键是选定单宽流量，控制好水流成数。科技工作者多年试验实践总结出适合北京郊区的灌水技术参数，北京典型试验点灌水技术参数见表1-5。

表1-5 地面畦灌灌水技术参数表

试验点名称		大兴半壁店	房山大宁灌区	怀柔北台上灌区	密云西田各庄
土壤质地		砂壤	中壤	轻壤	砂壤（通体）
地面纵坡		1/800~1/1200	1/500~1/800	1/300~1/400	1/300~1/400
适宜畦长/m		60	80~100	100	60~70
播种—拔节	单宽流量	5~4	6~5	8	8~7
	水流成数	7~8	7~7.5	6.5~7.5	6.5~7.0
拔节—抽穗	单宽流量	4~3	5~4	6~5	7~6
	改口成数	8~9	7~8	8	7~7.5
抽穗—灌浆	单宽流量	3~2	4~3	3	5
	改口成数	9~10	8~8.5	9~9.5	7.5~8.0

二、田间沟灌技术要素

沟灌是在作物行间开沟引水，水在沟中流动时，通过毛细管和重力作用向两侧及沟底浸润土壤，沟灌是宽行中耕作物较好的地面灌水方法，沟灌土壤湿润示意图如图1-6所示。

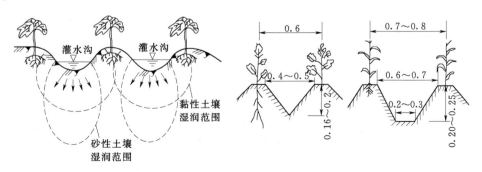

图1-6 灌水沟土壤湿润示意图

田间沟灌技术使用于宽行距的中耕作物，如玉米、棉花、薯类作物及某些蔬菜。适宜的灌沟坡度在0.003～0.008之间。一般灌水沟沿地面坡度方向布置，当地面坡度较大时，可以与地形等高线成锐角，使灌水沟获得适宜的比降。

　　沟灌的技术要素有灌水沟的间距、长度、入沟流量和放水时间。灌水沟间距视土壤性质而定，还要结合作物的行距来考虑。通常情况应用可参考表1-6确定。

表1-6　　　　　　　　不同土质条件下的灌水沟间距　　　　　　　　单位：cm

土 质 类 型	轻质土壤	中质土壤	重质土壤
间　距	50～60	65～75	75～80

　　灌水沟长度一般为30～50m，最长可达100m，入沟流量以0.5～3.0L/s为宜。应用时可参考表1-7。

表1-7　　　　　　　　　　灌水沟适宜规格参数

项目	地 面 坡 度					
	≤0.002		0.002～0.005		0.005～0.01	
土壤透水率	畦长/m	单宽流量/[L/(s·m)]	畦长/m	单宽流量/[L/(s·m)]	畦长/m	单宽流量/[L/(s·m)]
强	30～40	1.0～1.5	40～60	0.7～1.0	60～80	0.6～0.9
中	40～60	0.7～1.0	70～90	0.5～0.6	80～100	0.4～0.6
弱	50～60	0.5～0.6	80～100	0.4～0.5	90～100	0.2～0.4

第五节　地面灌水新技术

一、波涌灌技术

　　波涌灌溉是以一定或变化的周期，循环、间断地向沟畦输水，即向两个或多个沟畦交替供水。当灌水由一个沟畦转向另一个灌水沟畦时，先灌的沟畦处于停水落干的过程中，由于灌溉水的下渗，水在土壤中的再分配，使土壤导水性减少，土壤中黏粒膨胀，孔隙变小，田面被溶解土块的颗粒运移和重新排列所封堵密实，形成一个光滑封闭的致密层，从而使田面糙率变小，土壤入渗减慢，因此水流推进速度相应变快，深层渗漏明显减少，"双管"波涌灌田间灌水系统示意图。如图1-7。

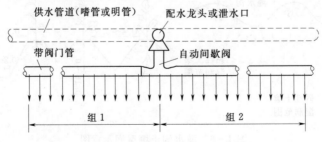

图1-7　"双管"波涌灌田间灌水系统示意图

1. 波涌灌的特点

波涌灌溉也称间歇灌溉或涌流灌溉，是一种节水型地面灌溉新技术。它是按一定的时间间隔，周期性地向灌水沟畦供水以湿润土壤水方法。其基本做法是：用加大流量把水灌到部分沟长时暂停供水，过一段时间，再加大流量供水，如此时断时续，使水流呈波涌状推进，在用相同水量灌水时，波涌灌的水流前进距离为连续灌的 1～3 倍，它具有以下几方面特点。

（1）节水、节能。据陕西经惠渠区试验表明，波涌灌平均节水率为 21%，美国的试验资料表明，波涌灌节水率达 30%～50%。在井灌区和抽水灌区，波涌灌不但节水而且节能，节能率与节水率相同。

（2）水流推进速度快，省时。波涌灌水流在田面推进速度快，平均推进速度为连续灌的 1.2～1.6 倍，提高浇地效率 21%，可缩短灌水周期。

（3）灌水均匀度较高。与连续灌水相比，波涌灌减少了畦首入渗量和深层渗流损失，减小畦首和畦尾入渗量的差距，使灌水更加均匀。从而也解决了长畦（沟）灌水难的问题。

（4）波涌灌使用的设备费用少，可实现灌溉自动化。

2. 波涌灌的技术参数

（1）周期和周期数。一个放水和停水过程称为周期。完成灌水需要放水和停水的次数称为周期数。周期数过少则均匀度降低，过多灌水效果也不再提高。一般畦长 200m 以上时，以 3～4 个周期为宜；200m 以下时，以 2～3 个周期为宜。

（2）放水时间和停水时间。放水时间有周期放水时间和总放水时间。周期放水时间是指一个周期向灌水沟（畦）供水的时间。总放水时间等于各周期放水时间之和。其值根据计算或灌水经验估算。停水时间是两次放水时间的间隔时间，一般等于放水时间，也可大于放水时间。

（3）循环率。循环率是周期放水时间与周期时间的比值。一般循环率多采用 1/2，在总放水时间段，土壤透水性较弱，田面阻力大时亦采用 1/3。

（4）放水流量。指向各沟畦的放水量。应根据水源、田面和土壤状况确定。放水流量大，田面流速大，节约水量，但以不冲土壤、满足田间灌水量要求为原则。

3. 适用条件

（1）连续沟畦灌的自流灌区、抽水灌区、井灌区和管道输水灌区。

（2）沟畦长度应不小于 70m。

（3）土壤透水性中等且含有一定黏粒的壤质土。

二、膜上灌技术

在地膜栽培的基础上，把膜旁流水改为膜上流，利用地膜输水，通过放苗孔、专用灌水孔和膜旁侧渗给作物供水的方法叫膜上灌。它是利用地膜输水，放苗孔和增设的专门渗水孔向土壤中渗水，它类似滴灌，是一种局部灌溉。其特点如下：

（1）大大减少深层渗漏和棵间蒸发，从而节约用水，一般能实现节水 20%～30%。

（2）与无膜土沟灌相比，膜上灌可通过调整膜畦首尾的渗水孔数及孔的大小，来调整畦（沟）首尾的灌水量，提高灌水均匀度。

（3）膜上灌为作物生长创造一个有利的生态环境，它能增加地湿、保水保肥、防风、加速土壤中有效成分的分解和吸收，从而提高作物产量和品质，一般能提高产量10%～15%。

（4）利用苗孔灌水，正好在作物根部，灌水沿主根下渗，包围作物整个根系，随着作物根系发育，逐渐加大灌水定额，适时适量给作物供水。

实行膜上灌对废弃料应有收集处理措施。膜上灌适用于所有实行地膜覆盖种植的作物如玉米、小麦等。田间膜上灌如图1-8所示。

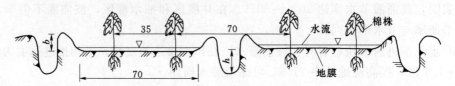

图1-8　膜覆盖种植作物膜上灌

第二章　田间混凝土衬砌渠道

第一节　渠道混凝土衬砌的合理规划与设计

规划设计旨在保证节水工程安全、适用、经济。图2-1为灌溉排水示意图。

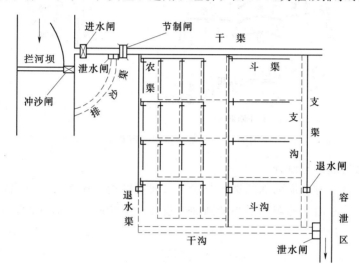

图2-1　灌溉排水示意图

一、渠道混凝土衬砌布置形式

灌溉渠系由各级灌溉渠道和退（泄）水渠道组成。按控制面积大小和水量分配层次可把灌溉渠道分为干渠、支渠、斗渠、农渠顺序设置固定渠道，如图2-1所示。30万亩以上或地形复杂的大型灌区，必要时可增设总干渠、分干渠、分支渠和分斗渠；灌溉面积较小的灌区也可减少渠道级数。农渠以下的小渠道一般为季节性的临时渠道，毛渠、输水沟、灌水沟、畦等属田间工程，主要起灌水作用。

北京郊区渠道混凝土衬砌的布置形式大致分为三种："一"字型、"梳齿"型和"混合"型。

1."一"字型

"一"字型即一级（斗渠）混凝土衬砌渠道。在与作物种植、耕作协调条件下，尽可能将衬砌渠道布置在地块的长边上。

2."梳齿"型

"梳齿"型即斗、农两级衬砌渠道。对旱作物，要求衬砌农渠平行于作物种植方向，衬砌斗渠垂直农渠布置于地边；对水稻田，进行一级、二级衬砌沿地块两个方向布置比较，选用单位面积衬砌总长度最短的一种布置方案。

3. "混合"型

"混合"型即在斗、农两级渠道中，一级（斗渠）采用管道输水，二级（农渠）进行混凝土衬砌。布置形式根据井位不同分为"梳齿状"和"鱼骨状"两种，如图 2-2 所示。布置注意尽可能使管道最长，衬砌长度较短。

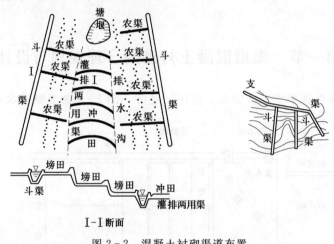

图 2-2　混凝土衬砌渠道布置

二、横断面的选形与设计

灌溉渠道混凝土衬砌横断面的选形与设计实属明渠均匀流水力计算问题，对于农田灌溉渠道按水力最佳断面（即湿周最小的断面）设计经济断面。梯形（含矩形）水力最佳断面的宽深比按下式计算：

$$b/h=2(\sqrt{1+m^2}-m) \tag{2-1}$$

式中　b——底宽，m；

　　　　h——水深，m；

　　　　m——渠道边坡系数，m 的大小决定于土质和施工要求及衬砌材料，一般 $m=0\sim1$，$m=0$ 时为矩形。

理论上半圆形为水力最佳断面，实际上应用 U 形断面较梯形断面的水流条件好、过水能力强，如图 2-3 所示。

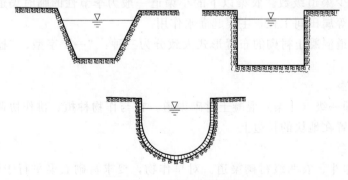

图 2-3　渠道横断面图

（一）断面参数

1. 边坡系数（m）

渠道边坡一般用 1：m 表示，1 表示斜坡的垂直高度，m 表示斜坡的水平长度，两者的比值称边坡系数。m 越大，边坡越缓，反之则陡（图 2-4），对于矩形断面 m 等于零。

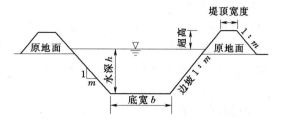

图 2-4　渠道横断面组成要素

影响边坡系数设计的因素有：防渗材料、渠道大小、基础情况等。水泥土、砌石、混凝土、沥青混凝土等刚性材料防渗渠道，以及用这些材料作保护层的膜料防渗渠道，最小边坡系数可参照表 2-1。

表 2-1　　　　　刚性材料防渗渠道的最小边坡系数

渠基土质类别	渠道设计水深/m								
	<1			1～2			2～3		
	挖方	填方		挖方	填方		挖方	填方	
	内坡	内坡	外坡	内坡	内坡	外坡	内坡	内坡	外坡
稍胶结的卵石	0.75	—	—	1.00	—	—	1.25	—	—
夹砂卵石或砂土	1.00	—	—	1.25	—	—	1.50	—	—
黏土、重壤土、中壤土	1.00	1.00	1.00	1.00	1.00	1.00	1.25	1.25	1.00
轻壤土	1.00	1.00	1.00	1.00	1.00	1.00	1.25	1.25	1.25
砂壤土	1.25	1.25	1.25	1.25	1.50	1.50	1.50	1.50	1.50

注　防渗材料指混凝土、水泥土、砌石、灰土、三合土、沥青混凝土和以它们为保护层的膜料防渗。

2. 渠道超高

为保证行水安全，考虑到在通过加大流量时风浪、建筑物壅水、渠床糙率增大等因素的影响，而在加大流量水位以上增加一个高度做为渠顶高度，所增加的这一高度叫超高，也称安全超高（以 a 表示），它的大小与渠道的级别和流量的大小有关。防渗渠道渠堤的超高与一般土渠相同，超高的数值可按表 2-2 选取。

表 2-2　　　　　　　防渗渠道的超高

渠道设计流量/（m³/s）	<1	1～5	5～30
防渗渠道超高/m	0.15～0.20	0.3～0.4	0.4～0.6

3. 渠顶宽度

渠道两边堤顶宽度可依据流量及渠堤底高度而定。如果堤顶不结合道路，堤顶宽可按表 2-3 中选取。如果堤顶与道路结合，应按交通要求修筑。

表 2-3　　　　　　　防渗渠道的堤顶宽度

渠道设计流量/（m³/s）	<1	1～5	5～30
渠堤顶宽/m	0.5～1.0	1.0～2.0	2.0～2.5

（二）渠道输水能力的计算

渠道横断面设计的主要内容是通过水力计算，确定渠道横断面的结构型式与尺寸。为方便设计、施工和管理，渠道在一定长度的渠段内一般采用同样的断面型式、断面尺寸以及渠底比降，并且有大体一致的渠床粗糙度。渠道的过水能力可用明渠均匀流公式计算。

1. 确定渠道断面形式

渠道横断面设计的基本公式如下：

$$Q = \omega C \sqrt{Ri} \qquad\qquad (2-2)$$

式中　Q——流量，m^3/s；

　　　ω——过水断面面积，m^2；

　　　C——谢才系数；

　　　R——水力半径，m；

　　　i——渠道比降。

在规划设计新衬砌渠道时，设计流量 Q，一般由机井出水量或灌溉作物需水要求而定。渠道底坡 i 结合地形条件确定，衬砌渠道设计实际上是确定合理的横断面形式和尺寸。

（1）梯形（含矩形）断面。

$$C = \frac{1}{n} R^{1/6} \qquad\qquad (2-3)$$

式中　R——水力半径，$R = \omega/X$；

　　　X——湿周，m；

　　　n——糙率，混凝土衬砌 $n = 0.014 \sim 0.017$。

梯形（矩形）断面尺寸需要根据设计流量 Q，渠道纵坡 i，边坡系数 m，衬砌渠道糙率 n 及最佳断面宽深比 b/h，反复试算确定。

（2）U形拉模混凝土衬渠道。混凝土 U 形渠槽结构下部是直径为 D 的半圆，上部直立段顶端外倾 $8° \sim 10°$，直立段的高度为 $D/2$ 左右，常见三种衬砌机完成下半圆直径 60、40、30 三个系列 U 形混凝土衬砌渠道。

图 2-5 为 U 形拉模混凝土衬渠道示意图，图 2-6 为 U 形断面参数示意图，表 2-4 为 U 形断面有关参数计算形式。

图 2-5　U 形拉模
混凝土衬渠道

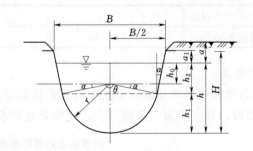

图 2-6　U 形断面

表2-4　　　　　　　　　　　　　U 形断面有关参数计算公式

名称	符号	已知条件	计 算 公 式
过水断面面积	A	r、α、h_2	$A=\dfrac{r^2}{2}\left[\pi\left(1-\dfrac{\alpha}{90°}\right)-\sin^2\alpha\right]+h_2(2r\cos\alpha+h_2\tan\alpha)$
湿周	x	r、α、h_2	$X=\pi r\left(1-\dfrac{\alpha}{90°}\right)+\dfrac{2h^2}{\cos\alpha}$
水力半径	R	ω、x	$R=\dfrac{A}{\chi}$
上口宽	B	r、α、H	$B=2\{r\cos\alpha+[H-r(1-\sin\alpha)]\tan\alpha\}$
直段外倾角	α	r、B、H	$\alpha=\arctan\dfrac{B/2}{H/r}+\arccos\dfrac{r}{\sqrt{(B/2)^2+(H-r)^2}}-90°$
圆心角	θ	r、B、H	$\theta=360°-2\left[\arctan\dfrac{B/2}{H-r}+\arccos\dfrac{r}{\sqrt{(B/2)^2+(H-r)^2}}\right]$
圆弧段深	h_1	r、a	$h_1=r(1-\sin\alpha)$
弧上水深	h_2	r、a、h	$h_2=h-r(1-\sin\alpha)$
水深	h	r、a、h_2	$h=h_2+r(1-\sin\alpha)$
渠槽高度	H	h、a_1	$H=h+a_1$

过水断面

$$\omega=\frac{1}{2}\pi r^2+(h-r)\left[\frac{2r}{\cos\alpha}+(h-r)\tan\alpha\right] \tag{2-4}$$

湿周

$$X=\pi r+2\frac{h-r}{\cos\alpha} \tag{2-5}$$

$$C=\frac{1}{n}R^y$$

$$R<1\text{m}，\quad y=1.5\sqrt{n}$$

$$R>1\text{m}，\quad y=1.3\sqrt{n}$$

以上式中　　h——水深，m；

　　　　　　r——下半圆半径，$r=D/2$，m；

　　　　　　α——直立段外倾角，(°)，本处用 $\alpha=8.5°$；

　　　　　　n——糙率，一般取 $n=0.015$；

　　　　　　C——流速系数。

2. 确定渠底比降 i

渠底比降（i）是指渠段首端与末端渠底高程的差值和渠段长度的比值。

为了减少工程量，应尽可能选用和地面坡度相近的渠底比降。一般随着设计流量的逐级减小，渠底比降应逐级增大。清水渠道易产生冲刷，比降宜缓；浑水渠道容易淤积，比降应适当加大。

在设计工作中，可参考表 2-5、表 2-6 先初选一个比降，计算渠道的过水断面尺寸，再按不冲流速、不淤流速进行校核，如不满足水位和稳定要求，再修改比降，重新计算。

表 2-5   山丘地区土质渠道比降参考表

渠道类别	流量范围/(m³/s)	渠底比降
土质渠道	>10	1/5000~1/10000
	1~10	1/2000~1/5000
	<1	1/1000~1/2000

表 2-6   平原地区渠道比降参考表

渠道级别	支　渠	斗　渠	农　渠
渠道比降	1/5000~1/10000	1/3000~1/5000	1/1000~1/2000

3. 确定糙率 n 值

若选择的渠床糙率较实际渠床糙率小，则渠道运行时的实际输水能力会达不到设计流量，满足不利灌溉要求，还有可能造成渠道淤积；当选择的渠床糙率大于实际值时，不仅会增加渠道断面，而且还会引起渠道的冲刷，渠中水位降低，减少渠道自流控制面积。因此，需要选择适宜的糙率。渠床糙率与渠床材料、运行状况有关，表 2-7 中的数值可供参考。

表 2-7   渠 床 糙 率 n

护面类型	糙率 n
抹光的水泥抹面	0.012
不抹光的水泥抹面	0.014
光滑的混凝土护面	0.015
机械浇筑表面光滑的沥青混凝土护面	0.014
修整良好的水泥土护面	0.015
平整的喷浆护面	0.015
料石砌护	0.015
修整粗糙的水泥土护面	0.016
粗糙的混凝土护面	0.017
混凝土衬砌较差或弯曲渠段	0.017
沥青混凝土、表面粗糙	0.017
一般喷浆护面	0.017
不平整的喷浆护面	0.018
修整养护较差的混凝土护面	0.018
浆砌块石护面	0.025
干砌块石护面	0.033
干砌卵石护面，砌工良好	0.025~0.0325
干砌卵石护面，砌工一般	0.0275~0.0375
干砌卵石护面，砌工粗糙	0.0325~0.0425

4. 渠道不冲不淤流速

（1）渠道不淤流速。当水源为多泥沙河流时，引入渠道的含沙水流的夹沙能力与渠中水流速度有关，当流速小于不掀临界流速时，就会造成渠床的泥沙淤积，改变过水断面面积大小，在多泥沙河流引水时，除修建必要建筑物尽量减少泥沙入渠外，还要保证渠中水流的一定的流速，使输水过程中不产生泥沙淤积。

根据沉降速度确定不掀流速，计算公式如下：

$$V_{不淤} = C_0 Q^{0.2} \qquad (2-6)$$

式中　Q——渠道设计流量，m^3/s；

　　　C_0——泥沙沉降系数，与泥沙沉降速度有关，其值见表 2-8。

表 2-8　　　　　　　　　　　　泥沙沉降系数 C_0 值表

泥 沙 粒 径	平均沉降速度/(mm/s)	C_0
<0.05	<1.5	0.33
0.05~0.08	1.5~3.5	0.44
>0.08	>3.5	0.55

注　表中数据引自武汉水利电力学院水力学教研室。

（2）渠道不冲流速。渠道通过水流的断面平均流速过大时，便造成对渠床的冲刷。在一定条件下，渠道中流速的增加，达到开始引起渠床冲刷时的流速值（临界值）称为允许的不冲流速。表 2-9 为防渗衬砌渠道的不冲流速。

表 2-9　　　　　　　　　　　　防渗衬砌渠道的不冲流速

防渗衬砌结构类别			允许不冲流速/(m/s)
土料	黏土、黏砂混合土		0.75~1.00
	灰土、三合土、四合土		<1.00
水泥土	现场填筑		<2.50
	预制铺砌		<2.00
砌石	干砌卵石（挂淤）		2.50~4.00
	浆砌块石	单层	2.50~4.00
		双层	3.50~5.00
	浆砌料石		4.0~6.0
	浆砌石板		<2.50
膜料（土料保护层）	重壤土		<0.65
	黏土		<0.70
	砂砾料		<0.90
沥青混凝土	现场浇筑		<3.00
	预制铺砌		<2.00
混凝土	现场浇筑		<8.00
	预制铺砌		<5.00
	喷射法施工		<10.00

第二节　渠道混凝土衬砌施工

田间灌溉渠道混凝土衬砌施工程序包括：地基处理，放线，开槽，组砌或浇筑，养护。

一、地基处理

做好混凝土衬砌的先决条件，就是要有一个坚实的基础。这样才会避免渠道因基床不均匀沉陷而遭到破坏。未受扰动的原状土，往往是衬砌渠道无须另作处理的良好基础。但在现有田间土渠基础上衬砌，需将土渠平掉重新填土夯实。土方的填筑质量必须保证，有条件的用碾压机、打夯机夯压。夯压填土必须分层上土，逐层夯压，每层压实后的厚度约在 20cm 左右。

按施工挖填方状况分为：挖方渠道、填方渠道和挖填方渠道。

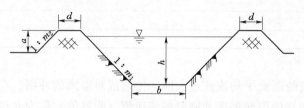

图 2-7　半挖半填渠道横断面结构示意图

（1）挖方渠道。挖方渠道完全置于地面以下，行水安全，便于管理，一般在干渠输水段或渠道通过高地形时采用。

（2）填方渠道。填方渠道断面完全置于原地面线以上，当渠道通过低法地带，为保证水位控制时采用。填方渠道易于溃决和滑坡，要认真选择内、外边坡系数。

（3）挖、填方渠道。挖、填方渠道（图 2-7）渠道断面一部分在地面以下由挖方完成，一部分在地面以上由填方筑成。当挖方量与填方量恰为相等时称半挖半填渠道断面，半挖半填断面工程量小，便于施工，这种断面形式应用最为广泛。

二、放线、开槽

开槽好坏直接影响到渠道衬砌工程的投资和质量，是做好混凝土衬砌的关健环节。根据三点定线的原理用花杆定出渠道开挖线（两条）并撒以白灰粉，根据设计渠道纵坡用水准仪每 15~20m 测一点确定渠底高程，并用木桩标出开挖深度。

渠槽开挖应二次进行，第一次开挖严格遵守宁小勿大的原则，可快速挖好；第二次应配合水准仪测量辅以标准断面的简易开挖仪控制，精确开挖至渠道断面设计尺寸。

三、组砌与浇筑

1. 材料的质量要求

对于人工浇筑混凝土衬砌渠道或混凝土预制件，石子的最大粒径不能超过衬砌厚度的 2/3，并需级配良好，滑模机衬砌的石子最大粒径不能超过衬砌厚度的 1/2；石料的含泥量不超过 2%，砂料的含泥量不得超过 5%，水泥标号要保证。田间灌溉渠道衬砌的混凝土标号不宜低于 C15。

2. 组砌与铺筑

对于混凝土预制件现场组砌应挂线施工，保证衬砌平实，用水泥砂架（或加沥青）勾缝处理。

对于现浇混凝土衬砌，铺筑前要使基床完全湿透，不再吸水，铺筑时应保证铺筑均匀、密实、面光、具有足够的厚度。不受严重冻害的田间灌溉渠道的衬砌 4cm 左右已足够。沿渠道每隔 35m 设一道横向缝。采用拉模衬砌机施工应控制工作速度在 1m/min 左右，混凝土的坍落度 12cm 左右为宜。

3. 养护

养护适当，会使混凝土耐久。衬砌的混凝土初凝后应及时放水养护，无放水条件时应盖以湿土养护并经常洒水，养护时间最好能 1～2 周。实验表明，用湿养法养护 14 天的混凝土强度为露天晾干的混凝土 28 天强度的两倍。

四、混凝土衬砌设置伸缩缝

为防止混凝土衬砌开裂，施工混凝土的强度等级应按工程规模、水文气象和地质条件以及防渗要求等因素选用。混凝土衬砌作为刚性护面应设置伸缩缝，防止混凝土板因温度变化、渠基土冻胀等因素引起裂缝，缝的间距见表 2-10，伸缩缝形式如图 2-8 所示。

表 2-10　　　　　　　　　　横向伸缩缝间距参考表

衬砌厚度 D/cm	横缝间距 L/cm	L/D
5～7	250～350	50
8～9	350～400	≈45
≥10	400～500	≈40

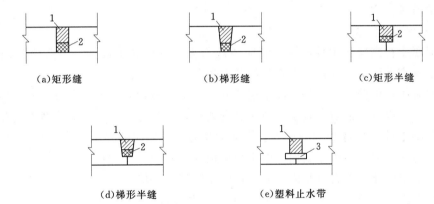

(a)矩形缝　　　　　　(b)梯形缝　　　　　　(c)矩形半缝

(d)梯形半缝　　　　　　(e)塑料止水带

图 2-8　刚性材料防渗伸缩缝形式
1—沥青砂浆；2—掣焦油塑料胶泥；3—塑料止水带

第三节　渠道防渗形式

一、传统渠道防渗材料

常用土料、石料、水泥、膜料、混凝土和沥青混凝土等建立渠道防渗层，也可利用上述材料构成复合结构，达到防渗目的。选用衬砌材料时，应根据渠道大小、防渗效果、使用年限等工程要求，按照因地制宜、就地取材的原则合理确定。现将目前比较常用的几种形式简介如下。

1. 土料防渗

土料防渗就是将渠基土夯实或者在渠床表面铺筑一层夯实的土料防渗层，包括压实素土、黏砂混合土、三合土、四合土、灰土等。土料防渗具有一定的防渗效果，能就地取材，造价低廉，技术简单，群众容易掌握，但允许流速小，抗冻耐久性差。故土料防渗适用于气候温和，且流速较小的中、小型渠道，且当地应有丰富的土料资源。

2. 砌石防渗

砌石防渗具有就地取材、施工简单、抗冲、抗磨、耐久等优点。石料有卵石、块石、条石、石板等，砌筑方法有干砌和装砌两种。适用于山丘区石料采集方便的地方。

3. 水泥土防渗

水泥土防渗分为干硬性水泥土和塑性水泥土两种，北方多用前者，南方多用后者。水泥土具有较好的防渗效果，可减少渗漏量80%～90%，能就地取材，造价低，技术简单，群众容易掌握。其水泥用量与低标号混凝土的水泥用量相当，允许流速小，抗冻性差。因此，水泥土防渗适用于气候温和且渠道附近有砂土和砂壤土而缺乏砂石料的地区。

4. 混凝土防渗

混凝土衬砌渠道具有防渗抗冲效果好、输水能力大、经久耐用、便于管理等特点，因而适用于各种地形、气候和运行条件的大、中、小型渠道，但附近应有骨料来源。一般情况下渠道断面常用梯形断面，其优点是施工方便。从20世纪70年代以来，我国混凝土防渗渠道出现了许多新型的断面型式，其中较普遍的有U形渠道、弧形底梯形渠道及弧形坡脚梯形渠道等。

5. 沥青混凝土防渗

沥青混凝土衬砌属于柔性结构，其防渗能力强，适应变形性能好，造价与混凝土相近，适用于冻害地区，且附近有沥青料源的渠道。

沥青混凝土衬砌分有、无整平胶结层两种。一般岩石地基的渠道才考虑使用整平胶结层。为提高沥青混凝土的防渗效果，防止沥青老化，在沥青混凝土表面涂沥青玛蹄脂封闭层。沥青混凝土衬砌每隔4～6m应设置横向伸缩缝，以适应外界温度变化对衬砌的影响。沥青混凝土防渗一般采用等厚断面，中小型渠道为5～6cm，大型渠道为8～10cm。

整平胶结层应能填平岩石基面。沥青玛蹄脂厚度，一般为2～3mm。冻胀性土基，渠坡采用楔形断面时，坡顶厚度一般为5～6cm，坡底厚度为8～10cm。

二、新型渠道防渗材料

目前国内外涌现出的新型的渠道衬砌材料体现了渠道防渗由单一材料向复合材料转化，现将新型材料介绍如下。

1. 土壤固化剂

土壤固化剂是20世纪90年代我国从日本引进的土壤固化新材料，它与传统的水泥、石灰、粉煤灰等固化材料不同，具有适用范围广、施工简便、施工期短、造价低廉、质量有保证等特点。材料主要特点：①固化剂可以适用不同粒径的土壤，并可根据工程要求随意调整延迟时间；②固结土体的收缩量很小，充分提高了固结土体的抗渗、抗冻、抗裂性能；③施工简便。基本采用机械化施工，流水作业，施工简便、迅速。且施工基本无噪声，不用振捣，减少了环境污染及干扰。

2. SR 固化土

固化土是一种新型的防渗材料，它是利用化学或生物技术，对土壤进行加固，并结合一定的工程技术措施使其达到工程使用的要求。SR 固化土作为一种新兴的建筑材料，具有就地取材、价格低廉且具有足够的抗压、抗渗等特性，有希望在渠道防渗工程上直接作为防渗体或作为复合防渗体的一部分替代水泥土、灰土甚至块石或混凝土等。

3. 玻璃钢防渗

玻璃钢防渗渠由江苏省水利科学研究所和东台市天源玻璃钢厂合作开发研制。这种新型渠道以玻璃钢为原料，在定型模具上压制而成，断面形状为 U 形，每块渠板长 4m，具有强度大、耐腐蚀、不易老化、不渗漏等特点。

4. 复合土壤胶结料

复合土壤胶结料是由氧化钙、二氧化硅、三氧化二铝、硫酸亚铁、粉煤灰按比例混合后用球磨机磨碎，达 120 目筛而成。在应用性能上，有以下几方面特点：①属低能耗、高性能环保型新材料，稳定性能好；②为灰白色粉末体，pH 值大于 8，偏碱性；③适应范围广，基本上可适应于水泥的适用范围；④凝结快，比水泥快 1 倍，养护时间缩短 2/3；⑤保质期长，比水泥长 1 倍。

三、新型的防渗结构

1. 复合式防渗结构

单一的刚性材料防渗结构，很难达到预期的防渗效果和使用年限。随着土工膜料的开发应用，复合式防渗结构被广泛地采用。复合式防渗结构一般由土工膜料防渗层、过渡层和刚性材料保护层组成；在冻土地区，当地下水位浅埋时，还可能增设保温层。其主要优点是防渗效果好，可削减或消除冻胀，延长工程寿命，造价较低，在缺乏施工用水地区或旧渠更新改造时采用，将更加经济方便。

2. 改变混凝土衬砌墙使之成为新结构形式

对于土基上的矩形或接近矩形的渠道混凝土衬砌采用建立横撑直墙式，加深墙基的直墙式和斜墙式防渗结构。

3. 新型砌石防渗结构

防渗按结构形式可分为护面式和挡土墙式两种。砌石防渗的优点是可就地取材、抗冲刷和耐磨性能强，一般渠内流速可达 3～6.0m/s，大于混凝土防渗渠的抗冲流速，同时抗冻和抗渗能力也较强。缺点是仅适用于石料来源丰富的地区，较难实现机械化施工，施工质量难于控制。

四、膜料防渗

膜料防渗是用塑料薄膜或沥青玻璃纤维布油粘或者复合类膜料作防渗层，其上设保护层的防渗方法。膜料防渗性能好，适应变形能力强，南北方均可采用，特别是在北方冻胀变形较大的地区效果理想。

随着高分子化学工业的不断发展，相继出现了不同类型的土工合成材料。聚乙烯膜作为土工合成材料的一种，因其具有材料性能稳定、轻便、造价低、运输量小、抗冻性和防渗效果好等优点，在渠道防渗工程中得到广泛应用。在各种膜料中，聚乙烯薄膜占主导地位。其厚度一般为 0.1～0.3mm。

1. 膜料防渗的特点

（1）防渗性能好。一般可以减少渗漏量的90%～95%。

（2）适应变形的能力强。土工膜具有良好的柔性、延伸性和较强的抗拉能力，可用于各种形状的断面和可能发生沉陷和位移的渠道。

（3）质轻，用量少，运输量小。在建筑材料缺乏的地方尤其适用。

（4）施工简便，工期短。

（5）耐腐蚀性强。它不受酸、碱和土壤微生物的侵蚀，耐腐蚀性能好，特别适用于水文地质条件及盐碱化地区的渠道或排污渠道的防渗工程。

（6）造价低。每平方米造价为混凝土防渗的1/10～1/5，或为架砌石防渗的1/10～1/4。

2. 膜料防渗的结构及材料

明铺式膜料防渗的优点是渠床糙率较小、工程量小、铺设简便；缺点是膜料直接受阳光、大气的作用，容易老化和受到外力破坏，使用寿命很短。因此，膜料防渗多用埋铺式，其结构一般包括：膜料防渗层、过渡层、保护层等。无过渡层防渗结构适用于土渠基和用素土、水泥做保护层的防渗工程；有过渡层的防渗结构适用于岩石、砂砾石、土渠基和用砂砾石、石料、现浇碎石混凝土板作保护层的防渗工程；当采用复合土工膜做防渗层时，可不再设过渡层。

（1）膜料：膜料的基本材料是聚合物和沥青，按防渗材料可分为塑料类、合成橡胶类、沥青和环氧树脂类。按加强材料组合可分为不加强土工膜、加强土工膜和复合型土工膜。不加强土工膜有直喷式土工膜、塑料薄膜。加强土工膜使用土工织物（如玻璃纤维布、尼龙纤维布等）作加强材料。复合型土工膜有单面复合土工膜和双面复合土工膜。

（2）过渡层：用作过渡层的材料包括土、灰土、水泥土、砂和砂浆等。

（3）保护层：土、水泥土、砂砾、石料和混凝土等都可作膜料防渗的保护层。

各种防渗材料的防渗效果及适用条件见表2-11。

表2-11　　　　　　　各种防渗材料的防渗效果及适用条件

防渗类型		主要原材料	防渗效果 /[m³/(m²·d)]	使用年限 /年	适用条件
水泥土	（1）干硬性水泥 （2）塑性水泥	壤土、砂壤土、水泥	0.06～0.17	8～30	就地取材，造价低，施工较容易，但抗冻性差。适用于气候温和地区
石料	（1）浆砌料石 （2）浆砌块石 （3）浆砌卵石 （4）浆砌石板	料石、块石、卵石、石板、水泥、石灰、砂等	0.09～0.25	25～40	抗冻和抗冲性能好，施工简易，耐久性强，但防渗能力一般较难保证，需劳力多。适用于石料来源丰富地区
埋铺式膜料	（1）土料保护层 （2）刚性保护层	膜料、土料、砂石、水泥等	0.04～0.08	20～30	防渗能力强，质轻、运输便利，当土做保护层时，造价较低，但占地多，允许流速小。适用于中、小型低速渠道。当用刚性保护层时，造价较高，可用于大、中型渠道

防渗类型		主要原材料	防渗效果 /[m³/(m²·d)]	使用年限 /年	适用条件
沥青保护层	（1）现场浇筑 （2）预制铺砌	沥青、砂、石矿粉	0.04～0.14	20～30	防渗能力强，适应冻胀变形能力较好，造价和混凝土相近，但目前沥青料源缺乏。一般适用于有抗冻害的地区
混凝土	（1）现场浇筑	砂、石、水泥等	0.04～0.14	30～50	防渗、抗冻性能好、耐久性强。适用于不同地形、气候和运用条件的大、中、小型渠道
	（2）预制铺砌		0.06～0.17	20～30	
	（3）喷射法施工	砂、石、水泥、速凝剂等	0.05～0.16	25～35	优点同上。但需较多的施工设备，施工较繁杂。多用于基础为岩石的渠道

第四节　渠道衬砌冻害防治技术

季节冻土地区，冬季渠基土冻胀，夏季消融。渠基土这种周而复始的变形，必然造成附着于渠基上的渠道衬砌发生破坏。实践证明，防治渠道衬砌的冻胀破坏，已成为当前十分重要的急需解决的问题。土质、水分、负温是引起渠基土冻胀的基本因素，渠基土的不均匀冻胀必然造成渠道衬砌发生破坏。因此，防治渠道衬砌冻害实际上就是设法削弱甚至消除上述三个因素中的任何一个，以减少基土冻胀，或采用一定的结构措施使衬砌适应基土冻胀变形。

一、排水隔水法

渠道衬砌经常处于水中，水分对渠道冻胀的作用特别突出。因此，防止地表水入渗，排除地下水补给是防治渠道衬砌冻害的有力措施。

（1）防止渠水入渗。防止渠水入渗有多种方法，关键是做好接缝止水。当地下水深埋而无旁渗水补给时，可在刚性衬砌下铺设土工膜料，构成复合型衬砌，其渗漏仅为刚性衬砌的1/15，可减少冻胀35％～55％。

（2）截断地下水补给。结合渠段的地形、水文地质条件，采用截、导、排的办法降低地下水位，排除渠道渗水，截断外水补给。

（3）防止渠堤地表水入渗。渠堤填土应注意夯实，并及时排除积水，必要时加设防渗层。

二、置换法

置换法就是在冻结深度内用非冻胀性土（土中粒径小于0.5mm的颗粒占土样总重不超过6％）置换冻胀性土的一种方法。渠床各部位换填深度 H，可按下式计算：

$$H_n = \varepsilon H_d - \delta \tag{2-7}$$

式中　　H_n——换填深度，m；

　　　　ε——置换比，％，按表2-12选取；

　　　　H_d——设计冻深，m；

δ——防渗层厚度，m。

表 2 - 12　　　　　　　　　　渠床置换比 ε 值

地下水埋深 Z_w/m	土　质	置环比 $\varepsilon/\%$	
		坡面上部	坡面下部、渠底
$Z_w > H_d + 2.5$	黏土	50～70	70～80
$Z_w > H_d + 1.8$	重、中壤土	50～70	70～80
$Z_w > H_d + 1.0$	轻、沙壤土	40～50	
Z_w 小于上述值	黏土、重、中壤土	60～80	80～100
	轻、沙壤土	50～60	60～80

三、保温法

保温法是在衬砌层下铺设保温材料，以提高渠基土温度，改变水分迁移方向，从而削弱甚至消除冻胀的方法。保温材料有水、空气、泡沫塑料以及雪、草、锯末等，保温效果好且可靠的材料有聚苯乙烯泡沫塑料板。大型渠道，保温板的厚度应通过热工计算确定；中小型渠道，聚苯乙烯的厚度可按设计冻深 H_d 的 $1/10～1/15$ 取用。

四、结构措施

(1) 采用"适变断面"。适变断面的特点是边坡平缓、弧形坡脚、略为宽浅。如弧形断面、U 形断面、弧形渠底梯形断面均可随冻胀变形，靠自重还原。

(2) 设置冻胀变形缝。渠基土冻胀时，一般是中部冻胀大而两边较小。在刚性衬砌设置若干条纵缝，可适应这种冻胀变形，达到防冻害的目的。

(3) 采用柔性衬砌。膜料防渗和沥青混凝土防渗均具有变形能力强的特点，因而成为季节冻土地区适宜采用的衬砌型式。

(4) 回避措施。架空梁板衬砌、Ⅱ 形板衬砌等形式，使衬砌与基土间留有空隙，可利用其间的空气保温，又可消纳基土冻胀产生的变形，达到防治衬砌冻害的目的。

第三章　水泵及机泵测试改造

第一节　水泵的工作参数与选型

农业生产常用的水泵，主要采用叶片泵中的离心泵和井泵，离心泵主要有单级单吸离心泵（如 IS 型、IB 型）和单级双吸离心泵（如 Sh 型）。井泵主要有长轴深井泵和深井潜水电泵，JC 系列长轴深井泵有深井泵 JC/C 型及超深井泵 JC/CS 型。深井潜水电泵没目前主要使用 QJ 系列。

QJ 系列潜水电泵的主要参数为：流量 $Q=5\sim200\text{m}^3/\text{h}$；扬程 $H=16\sim300\text{m}$；轴功率 $N=3\sim132\text{kW}$；井径 150mm，200mm，250mm，300mm。

一、水泵的工作参数

水泵的工作参数是指水泵工作性能的主要技术数据，包括流量、扬程、转速、功率、效率和比转速等。

1. 流量 Q

流量是指水泵的出水量，即单位时间内能抽出液体的体积或质量。单位为立方米/时（m^3/h）、立方米/秒（m^3/s）、升/秒（L/s）。

2. 扬程 H

扬程是指每一单位质量的液体通过水泵后，所获得的能量。实际上就是水泵能够扬水的高度，又称总扬程或全扬程。单位为米（m）。

3. 功率 N

水泵功率分为有效功率、轴功率和配套功率。

（1）有效功率 $N_{效}$。有效功率是指单位时间内流过水泵的液体从水泵那里得到的能量，单位为 kW。

$$N_{效}=\gamma QH \tag{3-1}$$

$$N_{效}=\frac{\gamma QH}{102}$$

式中　γ——液体密度，kg/L；

Q——流量，L/s；

H——扬程，m。

（2）轴功率 $N_{轴}$。轴功率是指水泵所需的功率，即泵的输入功率，也就是动力机传给泵轴的功率，单位 kW。此功率在水泵铭牌上标注。

（3）配套功率 $N_{配}$。配套功率是指与水泵配套的动力机的输出功率，为了保证机组运行安全可靠以及补偿传动中消耗的功率，配套功率应比轴功率大。电动机的功率单位为千瓦（kW），柴油机的单位用马力表示。单位换算关系为 1 马力＝0.735kW。

4. 效率 η

水泵的效率指水泵的有效功率与水泵轴功率的比值，以百分数表示。效率反映了水泵对动力的利用情况。

$$\eta = \frac{N_{效}}{N_{轴}} \times 100\% \tag{3-2}$$

$$N = \frac{N_{效}}{\eta} \times \frac{\gamma QH}{102\eta} \tag{3-3}$$

水泵铭牌上的效率是指水泵可能达到的最高效率。

5. 转速 n

转数是指水泵叶轮每分钟内转的次数，单位为转/分（r/min）。

6. 允许吸上真空高度 $H_{s允}$

允许吸上真空高度指水泵不产生汽蚀时的吸程，单位为米（m）。

为了保证泵运行时不产生汽蚀，《离心泵技术条件》（GB/T 5657—2013）规定留 0.3m 的安全值，即将试验得出的 $H_{s临}$ 减去 0.3m 作为允许最大吸上真空高度，或称允许吸上真空高度，故

$$H_{s允} = H_{s临} - 0.3 \tag{3-4}$$

7. 汽蚀余量 Δh

汽蚀余量指水泵进口处单位质量液体所具有超过气化压力的富余能量，单位为米（m）（液柱）。

8. 比转数 n_s

比转数为一个标准叶轮的转数，即扬程为 1m、流量为 75L/s、配套功率为 1 马力时的转数。

比转数是水泵在最高效率工作状况下的一个综合特性参数，反映了水泵各部分尺寸（主要指叶轮）的关系及水泵特性曲线。

二、水泵的选型

1. 离心泵的选型

（1）选择泵型应遵循的原则。

1）能满足规划设计中确定的设计扬程和设计流量的要求。

2）选定的泵型在整个运行期不发生汽蚀和动力机超载等不正常状态，在大多数时间内水泵装置处于高效区运行。

3）按选定的泵型方案建站，其设备和土建投资最小。

4）操作维修方便，运行管理费用最小，同一泵站，应尽量使用相同型号的泵，以便于日后安装、检修和购置零配件。

5）要选用配套动力机能综合利用的泵型。

（2）选择泵型方法有数解法和图解发两种。数解法较简单容易，步骤如下：

1）初选泵型，根据规划所确定的泵站设计扬程，查阅泵型手册，找出其扬程符合设

计扬程的若干个水泵型号。

2）确定泵型与台数，以初选各泵型的铭牌流量即性能表中该泵的流量值，与设计的泵站设计流量值相比较，可确定每一泵型的具体台数作为选型方案。然后根据选型原则，对各方案进行分析比较，从中挑选最优方案。一般小型泵站水泵的台数为1～2台。

3）扬程校核，初选方案确定后，即可进行管道及其附属设备的配套工作。可通过水泵铭牌流量计算管路损失扬程，再加上泵站设计净扬程，看其总值是否与所选泵型的工作范围一致，如一致并接近铭牌扬程时，则认为符合要求；否则应重新选择直至合理为止。

2. 井泵的选型

井泵选型中，主要介绍长轴井泵选型的方法和步骤。

（1）初选水泵根据井管内径尺寸，按照井径必须与泵适用的最小井径相符的原则，查井泵性能表初选水泵 JC 系列井泵。

（2）根据井的最大涌水量选定泵型，井的最大涌量一般应通过对井作抽水实验后确定。

根据井的最大涌水量，查井泵性能表，选择一台流量和井的最大涌水量基本一致的泵型。但所选井泵的流量不得大于井的最大可能涌水量，否则由于降深过大，会造成井壁坍塌和淤积，缩短井的使用寿命。

（3）计算实际水位降深值。泵型选定后，根据井泵的流量，按下式计算井中实际水位降深值。

$$S=\frac{S_{最大}Q_{泵}}{Q_{最大}} \qquad (3-5)$$

式中　$Q_{泵}$——所选泵的流量，m^3/h；

$Q_{最大}$——井的最大涌量，m^3/h；

$S_{最大}$——取井中水深的一半，井中水深指从静水位到井底之间距离，当井底有沉沙时应算至沙层顶部，m。

（4）计算井下部分的输水管长度。为了保证井泵工作可靠，一般要求泵体淹没在动水位以下1～2m，所以井下部分的输水管长度 L 为：

$$L=H_{动}+(1\sim2) \qquad (3-6)$$

式中　$H_{动}$——动水位深度，$H_{动}=H_{静}+S$，m；

$H_{静}$——为静水位深度，即地面到静水位的垂直距离，m；

S——降深，m。

（5）决定所选井泵的总扬程。抽水所需扬长为：

$$H_{需}=H_{净}+h_{损} \qquad (3-7)$$

式中　$H_{净}$——净扬程，即井中动水位到出水池水面间的垂直距离，m；

$h_{损}$——管路损失扬程，包括低压输水管道的损失水头，m。

为了供水可靠，一般取井泵的总扬程为：$H=1.1H_{需}$。

（6）确定叶轮级数。根据算出的总扬程，查所选井泵的性能表，确定该泵叶轮的级数。应使所选井泵的额定扬程与总扬程大致相符。

3. 水泵动力机的选配

动力机是水泵工作的原动机。对于井泵而言，一般是成套供应的，尤其是潜水电泵，其电动机与水泵是组合成整机销售的。目前泵站常用的动力机有电动机和柴油机两种。

在小型泵站中，电动机和柴油机各有所长。电动机成本低、操作简单、工作可靠、故障较少。柴油机机动性好，不受电源和地域限制。所以在具体选择时，应首先使用电动机，在缺电或少电地区，使用柴油机则显得更为有利。

（1）柴油机作为动力机，要做到配套合理，应考虑下述因素：

1）功率，应遵循水泵配套功率与柴油机持续功率（铭牌上有标注）相一致的原则。

2）转速，柴油机的转速要满足水泵的转速要求，并注意水泵转速不要超过柴油机的变速范围。

3）燃油消耗率，除要考虑正常负荷下燃油消耗率最小外，还应注意转速、负荷变化时燃油消耗率上升不大。小型泵站一般选用单缸柴油机。

（2）选择电动机，要根据水泵的配套功率和转速来确定电机的类型、容量、电压等参数。具体选择时可向有关单位或生产厂家咨询、索取样本。

4. 井泵机房设计要求

泵房尺寸是指它的主要轮廓尺寸，即长度、宽度。

（1）机房宽度（B），根据泵体大小，进出水管道上的阀件长度、通道等尺寸而定。一般口径100mm的泵所需泵房宽度不少于2.5m。

（2）泵房长度（L），根据机组长度或基础长度和它们的间距确定，一般机组间距不小于1.0m，机组与墙壁的间距不小于1.5m。另外还要考虑配电设施所占空间，一般单机组泵房长度不小于3.0m。

此外，还要考虑与建筑构建标准尺寸相协调，以降低造价。

第二节　机泵测试与技改

机井是农村的一项重要灌溉设施，由于技术和管理水平低，大部分机井装置是在低效率状态下运行的。机井测试与技术改造旨在提高机泵装置效率，降低能源单耗，增加出水量，减少年运行费用。

一、机泵测试

1. 能源单耗及机井装置效率的涵义

（1）能源单耗（亦称单位能耗），指将1000t水提高1m耗用的能源数量，单位为kW·h/(1000t·m)。

（2）理论能源单耗指机井装置效率为100％时的能源单耗。一般情况下理论能源单耗为2.72kW·h/(1000t·m)。

（3）机井装置效率。

$$\eta = \frac{\text{理论能源消耗}}{\text{实际能源消耗}} \times 100\% \qquad (3-8)$$

选型配套合理或经技改后的机井，一般要求达到的指标见表3-1。

表 3-1

机 泵 技 术 指 标

泵　　型	离 心 泵	长 轴 泵	潜 水 泵
$\eta/\%$	50	45	40
能源单耗/[kW·h/(1000t·h)]	5.4	6.0	6.5

2. 测试分析

主要测试项目有：水泵的流量、机井的耗电量、装置的净扬程以及电压、电流等。

（1）测量。

1）净扬程：动水位到出水口的垂直高差，用铅垂皮尺测量。测量时需注意：动水位是指抽水后稳定水位值。出水口如发展"管灌"应取所有出水口的平均位置值。

2）流量：采用量水堰域流速流量仪量测，单位为 t/h。

3）能耗：用电度表测量。

（2）计算。

1）能源单耗。

$$e = \frac{1000\sum E}{\sum V H_{净}} \tag{3-9}$$

式中　e——能源单耗，kW·h/(1000t·m)；

$\sum E$——测量时段内总计耗能量，kW·h；

$\sum V$——同时段内水量，t；

$H_{净}$——净扬程，m。

2）装置效率。

$$\eta = \frac{2.72}{e} \times 100\% \tag{3-10}$$

用装置效率计算值、能源单耗计算值与指标比较判断机泵是否需要技改。

二、机泵技术改造

1. 诊断

（1）机泵装置配套合理与否。

机泵装置配套的原则：泵与井"以井定泵"；电机与水泵"以泵配机"；水泵与管路"以泵配管"（管径与泵同级或略大，管内流速不大于 2.5m/s）；机泵与低压管道配套"搞管灌后，工作点左移"。

（2）通过调查测量分析机井装置效率不高的原因。

1）抽水 1h，动水位稳定，井涌水量和泵的出水量配套合理。动水位 24h 不稳定，井涌水量小，水泵规格偏大。

2）水泵淹没不够，出水有气泡，半管或断续出水，动力机和水泵不配套。

3）叶轮磨损，出水量减少，出沙。

4）检查供电，电压是否正常。

5）传动是否正常。

6）水管粗细是否正常。

2. 机井技改的常用措施

(1) 改造不合理安装。

(2) 去掉多余部分管路。

(3) 调整泵和管路不配套。

(4) 更换叶轮、橡胶轴承，填料口环等易损件，调整口环间隙。

(5) 洗井。

(6) 电气设备配备。

三、机井清淤和处理堵塞

1. 清淤工具与清淤方法

(1) 提泥筒掏淤。提泥筒掏淤应泛用于大锅钻井和中深机井的清淤工作。

(2) 锅锥清淤。小锅锥清淤适用于在直径 70～80cm 的锅锥井中清淤。

(3) 转盘清淤。转盘鱼尾钻头搅动沉积物，水泵抽排浑水，清除井内淤积。

(4) 双泵清淤。一台带有水枪头的水泵向井内送清水冲起淤积物，由另一台水泵将井内浑水抽到地面。

(5) 空压机清淤。空压机清淤是把压缩空气送入井内，使井中的水发生振荡，形成浑水，然后以水气混合排出。

2. 处理堵塞的工具与方法

滤水管堵塞或锈结是造成机井内出水量减少的主要原因，处理方法：

(1) 用钢丝刷或活塞处理堵塞物。

(2) 对于碳酸铁与锰的化合物锈结的机井，采用浓度为 $18\%～35\%$ 的工业盐酸处理。滤水管空隙被石英砂堵塞，或聚集有硅酸盐时，应在盐酸中加入 2% 的氟化铵，能促进硅酸盐溶解。

第三节　泵的常见故障

泵运行中的故障分为腐蚀和磨损、机械故障、性能故障及轴封故障四类，这四类故障往往相互影响，难以分开。如叶轮的腐蚀和磨损会引起性能故障和机械故障，轴封的损坏也会引起性能故障和机械故障。

(1) 腐蚀和磨损：腐蚀的主要原因是选材不当，发生腐蚀故障时应从介质和材料两方面入手解决。磨损常发生在输送液体时，主要是因介质中含有固体颗粒。对输送液体的泵，除泵过流部件应采用耐磨材料以外，对于易磨损的部件应定时予以更换。

(2) 机械故障：振动和噪音是主要的机械故障。振动的主要原因是轴承损坏、转子不平衡或出现气蚀和装配不良，比如泵与原动机不同轴、基础刚度不够或基础下沉配管憋劲等。

(3) 性能故障：性能故障主要指流量、扬程不足。泵汽蚀和驱动器超载等是其主要原因，当泵运行参数偏离额定值幅度较大时也会产生性能故障。

(4) 轴封故障：轴封故障主要指密封处出现泄露或温度过高。填料密封泄露的主要原因是填料选用不当、轴（或轴套）磨损；机械密封泄露的主要原因是端面损坏或辅助密封圈被划伤或折皱。温度过高主要是填料压得过紧所至。

常用的离心泵和QW型潜水泵的常见故障现象和处理方法详见表3-2、表3-3。

表3-2　　　　　　　　　　　　离心泵的常见故障及处理方法

故障现象	原　　因	处　理　方　法
轴承发热	(1) 润滑不良、加油量过多或不足、油质不好 (2) 泵轴与电机轴不同心 (3) 转子不平衡 (4) 机组振动超标 (5) 轴承损坏	(1) 检查油质和油量，适当增加或减少油量或更换新的合格润滑油 (2) 校正两轴的同心度使之符合要求（标准） (3) 检查转子的不平衡度或在较小流量处运行，高速时做动平衡 (4) 检查机组地脚螺栓及各部件是否松动 (5) 检测轴承是否良好，检查并清洗轴承体
泵输不出液体	(1) 吸水管路或泵内留有空气 (2) 进口或出口侧管道阀门关闭 (3) 使用扬程高于泵的最大扬程 (4) 吸入管漏气 (5) 错误的叶轮旋转方向 (6) 吸上高度太高 (7) 吸水管路过小或杂物堵塞 (8) 转速不符 (9) 叶轮被杂物堵塞	(1) 注满液体，排除空气 (2) 检查并开启闸门 (3) 更换高扬程的泵 (4) 杜绝进口侧的泄漏 (5) 纠正电机旋转方向 (6) 降低泵安装高度提高进水池水位 (7) 加大吸水管管径，清除堵塞物 (8) 调整或更换电机使之转速符合要求 (9) 清除叶轮杂物
流量扬程不足	(1) 叶轮损坏 (2) 密封环磨损过多 (3) 转数不足 (4) 进口或出口阀未充分打开 (5) 在吸入管路中漏入空气 (6) 管道或叶轮有杂物堵塞 (7) 介质密度与泵要求不符 (8) 装置扬程与泵扬程不符	(1) 修补或更换叶轮 (2) 更换密封环 (3) 按要求增加转数 (4) 充分开启进出口阀 (5) 把泄漏处封死堵好 (6) 清除堵塞杂物 (7) 重新核算或更换合适功率的电机 (8) 设法降低泵的安装高度或提高泵进口液体液位或更换不泵
泵发生振动及杂音	(1) 泵轴和电机轴不同心 (2) 泵轴弯曲 (3) 轴承磨损严重或损坏 (4) 转动部分失去平衡 (5) 泵产生汽蚀 (6) 管路或泵内有杂物堵塞 (7) 基础螺栓松动 (8) 进口阀开度过小 (9) 转动部分与固定部分有磨卡 (10) 基础刚度不够	(1) 校正对中 (2) 更换新轴 (3) 更换轴承 (4) 进行静或动平衡测试 (5) 向厂方咨询 (6) 检查并清除堵塞杂物或在进水口加格栅 (7) 检查并紧固地脚螺旋 (8) 打开进口阀、调节出口阀 (9) 检修泵或调整 (10) 增加基础刚度或重新安装泵座
电机过载	(1) 轴承弯曲 (2) 轴承磨损或损坏 (3) 填料压的过紧 (4) 转动部分与固定部分有磨卡 (5) 介质相对密度变大 (6) 流量过大	(1) 更换新轴 (2) 更换新轴承 (3) 放松压盖螺栓或将填料取出一些 (4) 调整或检修 (5) 改变操作工艺 (6) 检查吸入和排出管路压力的变化情况，用出口阀调节

续表

故障现象	原　因	处　理　方　法
密封泄漏严重或发热	(1) 密封元件材料选用不当 (2) 摩擦副严重磨损 (3) 动静环吻合不匀 (4) 摩擦副过大静环破裂 (5) O 形圈损坏 (6) 填料压力的过松或过紧 (7) 水封环安装位置不对 (8) 填料磨损过多或轴套磨损 (9) 填料质量太差	(1) 向供泵单位说明介质情况，配以适当的密封件 (2) 更换密封部件，并调整弹簧压力 (3) 重新调整密封组合件 (4) 整泵拆卸换静环使之与轴承直度误差符合要求，并按要求装密封组合件 (5) 更换 O 形圈 (6) 适当压紧填料使之渗水如汗 (7) 使水封环的位置正好对准水封管口 (8) 更换填料或更换轴套 (9) 选用高质量填料

表 3-3　　　　　　　　　　**QW 型潜污泵常见故障及处理方法**

故障现象	原　因	处　理　方　法
电机不转	(1) 电压过低 (2) 缺相运行 (3) 叶轮堵塞 (4) 定子绕阻烧坏	(1) 调整电压至额定电压 (2) 查清线路进行修复 (3) 清除脏物 (4) 进行修理，更换绕阻
流量不足或不出水	(1) 叶轮的旋相错误 (2) 阀门是否打开和完好 (3) 管道叶轮被堵 (4) 转速太低 (5) 密封坏磨损 (6) 抽送液体的密度较大或黏度较高	(1) 调整叶轮旋转方向 (2) 检查阀门 (3) 清理管道和叶轮堵塞 (4) 检查电源，电压，频率及电器设备 (5) 更换 (6) 改变抽送液体的密度和黏度
泵运行不稳定	(1) 叶轮不平衡 (2) 轴承损坏	(1) 送制造厂调换 (2) 更换合格轴承
绝缘电阻低	(1) 电缆线电源接地端渗漏 (2) 电缆线破坏 (3) 机械密封磨损 (4) 各 O 形密封圈失效	(1) 拧紧、压紧螺母 (2) 更换电缆线 (3) 修复或更换 (4) 更换
运行电流过大	(1) 工作电压低 (2) 管道叶轮被堵 (3) 抽送液体的密度较大或黏度较高 (4) 阀门开度较大	(1) 调整工作电压 (2) 清理管道叶轮堵塞物 (3) 改变抽送液体的密度和黏度 (4) 减小阀门开启度
电机定子绕组烧坏	(1) 被抽送介质的密度较大或黏度较高 (2) 叶轮卡死或松动 (3) 机械密封损坏电机进水 (4) 电机二相运行 (5) 紧固件松动造成电机进水	(1) 改变抽送液体密度和黏度 (2) 清除杂物，拧紧螺钉 (3) 更换机械密封 (4) 检查线路 (5) 拧紧各部螺钉螺母

第四章 水资源供需分析

第一节 供需水量平衡计算

一、供水量的计算

1. 地下水可开采量

地下水可开采量根据水文地质资料分析计算，单井出水量应根据抽水试验资料确定。在平原井灌区以开采浅层地下水为主，其地下水的来源主要有降雨入渗、侧向补给、灌溉回归三部分。可根据当地水文地质资料分析计算地下水量。

（1）降雨入渗量。

$$W_1 = 0.001\alpha PA \tag{4-1}$$

式中 α——入渗系数，从当地水文地质资料中查选；

P——设计年降水量，mm；

A——补给地下水面积，m^2。

（2）侧向补给量。

$$W_2 = 365Kh_{含}LJ \tag{4-2}$$

式中 K——含水层内渗透系数，m/d；

$h_{含}$——补给区中地下水含水层厚度，m；

L——补给区周边长度，m；

J——补给区内地下水坡度。

换算365日即年侧向补给量，K、$h_{含}$、L、J均由当地水文地质资料中查选。

（3）灌溉回归水量。

$$W_3 = \beta MA \tag{4-3}$$

式中 β——灌溉回归系数，从当地水文地质资料中查选；

M——灌溉定额，$m^3/$亩，由灌溉试验资料提供；

A——灌溉面积，m^2。

2. 河（渠）水供给量

首先根据河流水文测站提供的水文资料，进行频率分析与计算后，求出设计年的河流来水量，结合流域规划确定引水流量和引水时段。

3. 冰库、塘坝引水量

根据设计年降水量 P 及库（塘坝）坝址以上的集雨面积 A，可供引用的库容调蓄的

水量 W，按下式计算。

$$W = 1000\eta_{蓄} fPA \qquad (4-4)$$

式中　W——调蓄水量，m^3；

　　　$\eta_{蓄}$——考虑蒸发和渗漏后的蓄水有效利用系数，$\eta_{蓄} = 0.6 \sim 0.7$；

　　　f——径流系数；

　　　P——设计年降水量，mm；

　　　A——水库（塘坝）坝址以上集雨面积，km^2。

对于较大水库灌溉区，应根据总体规划分级核实水量。

二、灌溉用水量的计算

在灌溉设计年内，为保证作物各生育需水要求，除该时段的降水供给水量外，尚有部分亏缺水量，需灌溉补给，这部分亏缺水量为净灌溉用水量。考虑各级输水损失及田间损失，要求水源提供的水量为毛灌溉水量，按下式计算。

$$M_g = 0.667 \frac{E - P_e}{\eta_{水}} A \qquad (4-5)$$

$$P_e = \sigma P$$

式中　M_g——毛灌溉水量，$m^3/$亩；

　　　E——作物需水量，mm；

　　　A——灌溉面积，亩；

　　　$\eta_{水}$——水的利用系数；

　　　P_e——有效降水量，mm；

　　　σ——有效降雨系数，一般根据实测资料而定。

三、供需水量平衡分析

供需水量平衡分析与计算的目的在于：规划节水工程控制面积；确定作物种植结构及其种植比例；为合理开发利用水资源提供依据；确保在同一灌溉设计年内的供水量与需水量平衡。若出现需水量大于供水量时，应提出补源措施或调整灌溉面积和种植计划。

第二节　水量供需平衡分析实例

设计实例

某地平原井灌区拟采用低压管道输水灌溉，规划面积 10500 亩，初步计划种植冬小麦 8745 亩，与夏玉米复种 8379 亩，棉花 1300 亩，少量的瓜菜和工副业用水。试进行供需水量平衡分析与计算。

1. 可供开采地下水量计算

根据当地水文气象及水文地质资料提供，该区地下水补给来源由降雨入渗、侧向补给、灌溉回归水入渗等三部分组成。

（1）降雨入渗补给量 W_1。当地实测 37 年降水资料，经分析取多年平均降雨量 $P = 603mm$，降雨入渗系数 $\alpha = 0.1$，补给面积 $A = 2200 \times 3700 m^2$。则可得：

$$W_1 = 0.001\alpha PA = 490842 (m^3)$$

（2）侧向补给量 W_2。由当地的水文资料中查得，该地区内为砂质壤土，地下平均含水层厚度 h_e：20m，层内渗透系数 $K=20$m/d，周边主要承受南部边界地下水补给，北边界略有排除，东边界和西边界地下水坡降为0。由地下水等值线图分析确定补给区：

南边长 $L_1=3700$m，坡降 $J_1=0.004$；

西边长 $L_2=3700$m，坡降 $J_2=0$；

东边长 $L_3=3700$m，坡降 $J_3=0$；

北边长 $L_4=3700$m，坡降 $J_4=0.001$。

侧向补给量

$$W_2=365Kh_含(L_1J_1+L_2J_2+L_3J_3+L_4J_4)=1620600(\text{m}^3)$$

（3）田间灌溉回归水入渗量 W_3。由当地灌溉试验提出，作物灌溉定额 $M=200$m³/亩，实测灌溉回归系数 $\beta=0.02$，灌溉面积10500亩。

$$W_3=\beta MA=42000(\text{m}^3)$$

该地下水总补给量（开发利用量）$W=W_1+W_2+W_3$，所以 $W=215.3442$ 万 m³。

2. 需水量计算

（1）灌溉需用水量。根据当地灌溉试验资料选取作物各生育期作物需水量，设计年取中等干旱年即灌溉保证率75%。详见表4-1～表4-3。

表4-1　　　　　　　　　冬小麦全生育期内灌溉需水量计算量

项　目 \ 生育期起止日期（日/月—日/月）	播种—返青 10/10—18/2	返青—拔节 19/2—30/3	拔节—抽穗 31/3—4/5	抽穗—灌浆 5/5—19/5	灌浆—成熟 20/5—8/6	全生育期 10/10—8/6
作物需水量/mm	91.9	63.4	149.1	104.5	53.6	462.5
有效降水量/mm	62.8	25.5	23.5	6.9	49.4	168.1
净灌溉水量/mm	29.1	37.9	125.6	97.6	4.2	294.4
毛灌溉水量/mm	22.83	29.74	98.56	76.59	3.3	231.02
总需灌水量/万 m³	202.03（8745亩×231.02m³/亩）					

注　播种面积8745亩，水利用系数0.85。

表4-2　　　　　　　　　夏玉米全生育期内灌溉需水量

项　目 \ 生育期起止日期（日/月—日/月）	播种—拔节 14/6—15/7	拔节—抽穗 16/7—30/8	抽穗—灌浆 3/8—26/8	灌浆—成熟 27/8—13/9	全生育期 14/6—13/9
作物需水量/mm	98.5	120.9	117.0	71.6	408
有效降水量/mm	99.4	101.4	119.2	65.1	385.1
净灌溉水量/mm	−0.9	19.5	−2.2	6.5	22.9
毛灌溉水量/mm	−0.71	15.30	−1.73	5.1	17.96
总需灌水量/万 m³	15.05（8329亩×17.96m³/亩）				

注　播种面积8379亩，水利用系数0.85。

表 4-3　　　　　　　　　　　　棉花全生育期灌溉需水量计算表

项 目 \ 生育期起止日期 （日/月—日/月）	苗期 15/4—13/6	现蕾期 16/4—8/7	花龄期 9/7—21/8	吐絮期 22/8—28/10	全生育期 15/4—28/10
作物需水量/mm	77.9	167.2	237.0	139.5	621.6
有效降水量/mm	50.2	130.8	169.2	67.5	417.7
净灌溉水量/mm	27.7	36.4	67.8	72.0	203.9
毛灌溉水量/mm	21.74	28.56	53.2	56.5	160.0
总需灌水量/万 m³	20.8 (1300 亩×160m³/亩)				

注　播种面积 1300 亩，水利用系数 0.85。

灌溉水量计算，按降水有效利用系数 σ_0（小麦 $\sigma_0=0.8$，夏玉米 $\sigma_0=0.8$，棉花 $\sigma_0=0.9$）折算后的有效降水量，由作物需水量减去有效降水量，亏缺水量即为净灌溉水量。取管灌水利用系数 $\eta_{水}=0.85$，计算毛灌溉水量。

灌溉总需水量为 202.03+15.05+20.8=237.88（万 m³）。

（2）林、果、菜及人畜工副业等需用水量按规划要求，林、果、瓜、菜总需水量 30 万 m³，人畜需水 14.6 万 m³，工副业需水量 42.9 万 m³，合计 87.5 万 m³。

3. 供需平衡分析及处理办法

供水量 215.34 万 m³，需水量 325.38 万 m³，本区缺水 325.38-215.34=110.04（万 m³）。

为保持供需水量基本平衡，建议用两种办法解决。

（1）调整作物种植结构，改变作物布局，减少冬小麦种植面积，控制在 6000 亩左右为宜，适当增大复种指数，推行一年两熟制，加大瓜菜种植面积，错开灌水高峰期。

（2）有条件时建议采用补源措施。灌区外的某干渠，引水流量 0.5m³/s，通过二级扬水，将干渠水调入本灌区，以达水资源来补平衡。

第三节　水资源评价与对策

一、水资源评价方法

目前北京大部分地区水资源以开采地下水为主，农业都以种植粮食作物为主。对地下水的贮存和补给条件、含水层的岩性分布等进行详尽的调查分析，查阅机井的柱状图，绘制水文地质剖面图。一般农业、工业用水多取自深在 70m 以内潜水有密切水文联系的浅层地下水，其补给主要来自降雨入渗，其消耗主要是开采用水。在对水资源系统中的来水、用水、蓄水、排水子系统的组成及不同水平年、不同时段用水量或专项典型测定分析基础上，进行水均衡计算。来水系统主要包括天然降水和外区来水；用水系统包括工业、生活、农业和其他用水；储水系统包括地下水含水层储水和地表储水；排水系统包括各用水部门排入排水河渠并排出境外的系统。地下水埋深大于 4.0m 以上，可不考虑地下水的潜水蒸发量。

在无外区来水和河道蓄水工程时，主要依靠天然降水对地下水的补给并抽取地下水以满足工业、生活、农业及农村其他各种用水要求，地下水储水体用以调节来水和用水。某一时段地下水的水均衡可用下式表示：

$$\Delta W = \Delta H \cdot \mu \cdot F = W_{降雨} + W_{河渠} + W_{回归} + W_{侧入} - W_{消耗} - W_{侧出}$$

式中　$W_{降雨}$——降雨入渗补给量；

$\quad\quad W_{河渠}$——河渠入渗补给量；

$\quad\quad W_{回归}$——灌溉、工业等用水回归补给；

$\quad\quad W_{消耗}$——地下水开采量；

$\quad\quad W_{侧入}$——地下水侧向补给量；

$\quad\quad W_{侧出}$——地下水侧向排泄量；

$\quad\quad \Delta H$——计算时段内平均水位上升或下降的幅度；

$\quad\quad F$——计算区域面积；

$\quad\quad \mu$——分区地下水位变化带含水层平均给水度。

根据各时段均衡值 ΔW 可由 $\Delta H = \Delta W/(\mu \cdot F)$ 计算地下水位变动值。

水资源评价根据当地的条件和特点，分别采用长系列动态模拟法和地下水动态相关分析法两种方法进行分析。

二、利用汛期雨水引蓄入渗补源

在目前北京的种植结构条件下，需要多年平均降雨量近几年一直无法满足，再加上今后工业、生活用水量的增加，缺水的矛盾还会加剧。因此必须在调整种植结构，抓紧农业节水的同时，千方百计采取田面蓄水、引水入沟、蓄水入渗等措施，回补地下水。为此开展有关汛雨利用，可以促进水资源的良性循环。

1. 田面蓄雨回补

现各地下水位埋深深，为利用田面蓄雨回补创造了有利条件。经降雨入渗分析，在壤土、砂壤土条件下，即使遇到日降雨量达 10 年一遇标准 201mm/d 的典型降雨过程，田间不会产生很深积水，由于地下水埋深大，土壤含水量剖面，有很大调蓄降雨的容量，即使田面有局部积水，雨后也在几个小时内全部就地入渗，不会造成农田渍涝灾害。

2. 水沟蓄水回补

试验表明有外引水源或利用汛期产流灌蓄排水沟，以回补地下水，其效果明显。在广大农田田间，如遇一般大雨、暴雨过程，产流量已不大，但村镇道路等相对不透水面积的产流，如利用排水沟渠系统调蓄入渗仍是一项补源的有效措施。

三、促进水资源良性循环的技术对策

降水是地下水的主要补给来源，随着农业地表水被压缩、挤占，地下水已是京郊农业的主要水源，20 世纪 80 年代的连续干旱，使地下水严重超采，地下水位以 0.5～0.8m/年的速度下降，凡京郊城镇人口集中，工业水占有一定比重的地区，地下水位埋深都已在 20～25m 以下，出现了农业水危机。

京郊农业水资源匮乏是不容乐观的，农业水资源不足虽暂不至于引起社会生产、生活的停顿或混乱，但它已严重制约了北京经济的发展。为此，北京市仍只能立足于本地水资源并采取以下对策：

（1）加大农业节水的力度，在平原地区使全部农田实施完成节水工程建设外，应加大依靠已有行之有效成熟的节水技术成果，把示范区窗口的节水高产综合技术体系迅速推广应用，依靠科技，继续提高水效。

（2）千方百计为农业开源。一方面立足当地，利用田间、沟渠拦蓄讯期雨回灌入渗补源；另一方面尽量开辟可用水源。

（3）加强农业水资源的管理。在大力加强节水和千方百计就地开源的同时，必须加强对水资源的管理，在管理中更好地发挥节水工程和节水技术的效益。半壁店村探索建立乡村供水模式，形成管理队伍，实施计量收费，超额加价，运用经济杠杆，实行分类定价，以工补农等统一管理的尝试，促进农村用水和农民个人的经济挂钩等措施取得了良好的效果，值得进一步探索和完善。

第五章　低压管道输水灌溉

第一节　概　述

一、低压管道输水灌溉系统的组成

低压管道输水灌溉（简称"管灌"）是以管道代替明渠输水灌溉系统的一种工程形式，运用较低的压力（<0.2MPa）输送灌溉水流，通过田间畦沟或其它分水工具灌溉农田（群众形象地称之为田间自来水）。

"管灌"系统由水源供水（井泵）、输入（地理管）、配水（活络管给水栓）及田间工程（畦沟）所组成。

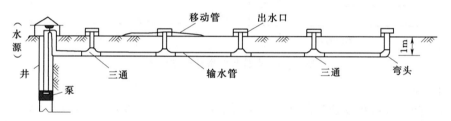

图 5-1　管道系统组成图

设计应用"管灌"时，必须同时进行水源分析，研究压力应用方式和容量（机泵测试与管道配套），田间的畦、沟规格以及田面的整治，使水源、管道、田间工程全面协调，把合理的使用水源、改善田间工程与管网规划布置有机结合起来。

二、畦田规格与管网布置的关系

灌畦长度与支管间距、出水口间距的关系，受管网布设形状、地面坡度、作物种植方向、灌水方式等因素的影响，不应简单笼统地说："沟畦长度是管网的出水口间距或支管间距"，应依不同情况而论。

1. 树枝状管网

（1）支管与作物种植方向平行。单向灌水时，适宜的沟畦长度为出水间距；双向灌水时，出水口间距为上、下双向沟畦长度之和。支管间距由地表移动软管（或地面土渠）经济长度而定，如图 5-2 所示。

（2）支管与作物种植方向垂直。单向灌水时，支管间距为适宜的沟畦长度；双向灌水时，支管间距为上、下双向沟畦长度之和。出水口间距由地表移动软管（或地面土渠）经济长度而定，如图 5-3 所示。

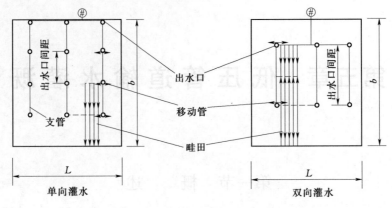

图 5-2　支管与作物种植方向平行

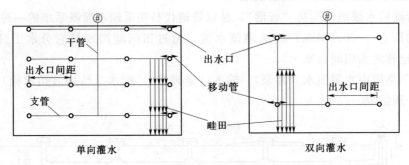

图 5-3　支管与作物种植方向垂直

2. 环状网

出水口间距因所处支管与作物种植方向不同而变化。支管与作物种植方向平行，出水口间距为适宜沟畦长度（单向灌）或上下双向沟畦长度之和（双向灌）；支管与作物方向垂直，出水口间距由地表移动软管（或地面土渠）经济长度而定，如图 5-4 所示。

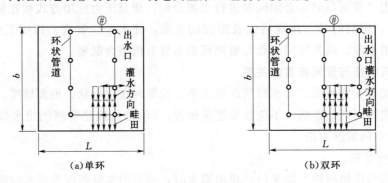

图 5-4　环状网

第二节　管灌的规划设计

规划设计的目的是保证管灌工程安全出水，便于田间灌溉管理，使系统整体工作状况最好及工程最大可能的经济。

一、基本资料的收集与技术参数

基本资料与技术参数包括以下方面：

（1）地形、地貌，1/2000～1/5000 地形图。

（2）农业气象，温度、降水、蒸发、风、冻土层、地温。

（3）水文及水文地质，水源为地下水、地上水。

（4）土壤及土壤水分，田间最大持水量、容重等。

（5）土地利用及工程现状，田间工程现状。

（6）社会经济状况。

二、水源分析与供需平衡计算

1. 水源分析

查看水质要求是否满足规范标准，进行灌溉水源水量的计算，对井灌区测量井的涌水量。

2. 供需水平衡分析

（1）对灌区要进行灌溉需用水量（考虑作物布局，耗水规律及耗水量、灌溉总用水量），水源可供水量计算分析。

（2）已建机井灌区，以单井为单元的水量平衡实际上是求单井控制的面积。

$$A = \frac{Qt\eta}{0.667E_{\max}} \tag{5-1}$$

式中　　A——井可控灌溉面积，亩；

　　　　Q——井出水流量，m^3/h，井、泵配套合理；

　　　　t——机井每日运行的小时数，h，一般为 14～16h/d；

　　　　η——水的利用系数，0.9～0.95；

　　　　$E_{\max}$——需水量最大的一种作物日平均耗水量，mm/d。

三、管网布置

1. 管网布置形式

管网布置形式分为树状网或环状网。两者差别在于后者成闭环，可以向一点双向供水。当设计流量相等时，环状网可以采用比树枝状管网小的管径。

环状网的设置在给水工程中应用较普遍，是由各级管道连接成的很多闭环组成的。它最大的优点是如果某一水流方向的管道出现了故障，可由另一方向管道继续供水，使发生故障的那一段管道之外的其他管道正常运行。这种利用形式，管道利用率高，且形成多路供水，流量分散，适用于地块连片面积上的固定管网。

2. 管网布置原则

（1）已建井灌区发展"管灌"的布置原则：①根据种植作物，灌溉方式，畦幅规格合理布置出水口（给水栓）及活络管。当地面纵坡 $i < 1/2000$ 时，要采用双向配水方式；②机泵与管道配套，保证搞"管道"能有尽可能多的出水口运行时，水泵在高效区工作；③求机井到各个出水口的最短管线布置方案。上述三点是综合考虑了水源、管道工程和田间工程的配套。节省开支在任何地区都是必要的，但节省开支往往带来效果的降低。因

此，追求"管灌"系统整体效果最优及长期高效运行是规划设计的总目标。

（2）新建"管灌"灌区管网布置基本原则：①根据规划区的水源、道路、管理体制、通电线路现状，管道工程布置应尽量做到：田、林、渠、井、机、泵、管、电统一规划，运用方便，节省投资；②井灌区管网布置多以单井、单泵独立系统运行为主，力求管线平直以达到节水、节能的目的；③按水源位置和控制范围确定管道长度及管道间距，以作物种植方向为基准与供水毛沟或移动软管、支管、干管，依次垂直布置确定各级管道方位走向；④根据当地生产条件、生产经验及科学灌水技术，确定畦幅规格大小、适宜单宽流量和改口成数，以不致造成深层渗漏、溢流和尾部跑水等现象。

四、低压输水管道设计流量推算

1. 新建井灌区

管道输水流量对于新建井灌区，一般根据灌溉面积、作物组成及灌溉制度进行计算，通常以作物需水高峰期的最大一次灌水量作为管道设计流量。

$$Q=\frac{mA}{Tt\eta_{管}} \tag{5-2}$$

式中　Q——管道设计流量，m^3/h；

　　　m——设计灌水定额，取作物生育期最大一次灌水量，$m^3/$亩；

　　　A——规划发展"管灌"面积，亩；

　　　t——1天灌水小时数，h/d，一般为 $14\sim16h$；

　　　T——次灌水的延续时间，d；

　　　$\eta_{管}$——管道系统水利用系数，一般取 $0.9\sim0.95$。

2. 已建井灌区

管道设计流量对已建井灌区，一般取机泵配套合理或经技改后达标实际机井出水流量，校核该井可控制灌溉面积，据此分析是否需要合理调整发展管灌之后作物组成与布局。

五、经济管径的选定

$$D=1.13\sqrt{\frac{Q}{V}} \tag{5-3}$$

式中　D——经济管径，m；

　　　Q——管道的设计流量，m^3/s；

　　　V——管道的适宜流速，m/s，一般控制在 $0.5\sim1.5m/s$ 范围内，硬质塑料管可取　　　　$1.2m/s$，软管可取 $0.5\sim1m/s$。

六、管道水头损失计算

1. 树状管网

（1）硬质塑料管道沿程水头损失计算：

$$h_f=0.000915\frac{Q^{1.774}}{d^{4.774}}L \tag{5-4}$$

式中　Q——管内输水流量，m^3/s；

d——管内径，m；

L——管道输水长度，m。

（2）混凝土管道沿程水头损失计算：

$$h_f = 10.29n^2 \frac{Q^2}{d^{5.33}} L \qquad (5-5)$$

式中　n——糙率，石棉水泥管取 0.011~0.012，水泥砂（土）管取 0.013~0.014，预制混凝土管取 0.013~0.014。

（3）局部水头损失与多孔系数。管道局部水头损失可按沿程损失的 5%~10%计。低压管道输水灌溉系统中，有时一条输水管道同时供几个出水口，出流灌溉，一般可采用近似计算，先假定管内流量沿程不变，求沿程水头损失，然后再乘以相应的多孔系数 F（公式计算、查表均可）（参见《低压管道输出灌溉技术》），详见第六章式（6-11）。

2. 环状管网

环状管网的水力计算必须满足，流入任一节点流量之和应等于流出该节点流量之和；对于每一个闭合环，从一个节点到另一个节点间，沿不同管线计算的水头损失应相等，即任一闭合环状管路中的水头损失之和应等于零。详见《低压管道输出灌溉技术》。

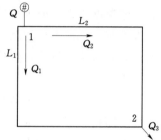

图 5-5　单环网单出口示意图

对于单环网，只开一个出水口时，如图 5-5 所示，则有：

$$Q - Q_1 - Q_2 = 0$$

$$Q_1 + Q_2 - Q_3 = 0$$

$$f_2 \frac{Q_2^m}{d_2^b} L_2 = f_1 \frac{Q_1^m}{d_1^b} L_1$$

$$Q_1 = BQ$$

$$Q_2 = Q - Q_1$$

$$B = \frac{1}{1 + \left(\dfrac{L_1}{L_2}\right)^{1/m}}$$

式中　f_1，f_2——与管道摩阻有关的系数；

m——流量指数；

b——管径指数；

B——流量比；

L_1，L_2——管道长度，m。

第三节　管道施工与维护

一、管道工程的施工

管道工程的施工质量，直接影响工程的成败和管理。因此要建好、管好管道输水灌溉系统，不仅要合理的设计，而且必须确保施工质量，使整个系统正常运行，发挥应有效益。

1. 施工前的准备

应有管线平面布置图，购置齐备各种管材、管件、物料及施工设备。

2. 管道沟槽开挖

根据平面图放线，把管线落实到地面，每隔50m打一木桩，并在管线转折点，给水桩、闸阀或地形变化较大地方加设木桩。定出管线后，再根据基槽开挖宽度，划出基槽开挖线。基槽断面对塑料管一般为矩形，混凝土一般为梯形。基槽宽度要便于管子的连接安装，有建筑物的地方适当加宽。对于塑料管，基槽宽度为管外径加0.3m；对于混凝土管，基槽宽度应大于或等于外径加0.5m。基槽的开挖深度应考虑地面荷载和冻胀危害。一般情况开挖深度应大于或等于管外径加冻土再加0.1m。

为了避免管道不均匀沉陷，沟底要求平直，密实，如遇软基、坑穴等，超挖后要回填夯实；如遇石块应清除，然后填土夯实。

3. 管道的连接

硬塑料管的连接：硬塑料管一般为同径管，每节长5～6m，采用热扩口涂粘接剂承插法连接，即将管子的一端（母口）10～15cm用喷灯加热变软后，再与一端涂有601胶的子口相承插，搭接长度为1～1.5倍管径。承口应对着水流方向。

双壁波纹管的连接：双壁波纹管每节长5m，其中一端为承口，又称母口，另一端为插口，又称子口。连接时，将子口端装上胶圈，承插时将管扶平，在管端涂润滑剂然后插入，搭接长度为1～1.5倍管外径，承口应对着水流方向。

混凝土管的连接：为保证工程质量，此种管材均用承接口管。连接时，用1：1水泥砂架沿承口斜面涂抹一周，然后将插口对准用力承插，并检查管口是否吻合，对好后向管身中部两侧填土固定，防止管身滚动，再用捣缝工具将1：3水泥砂架分次导入缝隙中，要做到填料密实，然后再用1：2水泥砂装沿承口外缘抹一个三角形断面的封口圈，并用瓦刀将砂浆压实。接头完毕后，再覆以20～30cm厚湿土养护。连接时承口应对着水流方向。

4. 管道安装完成后的试水验收工作

在整条安装结束后，在未复土之前，要对管道系统进行试水验收。对于硬塑料管、双壁波纹管，试水前在每节管中部先填一部分土（约为沟深的1/3），以免管子内受水压力时扭动。对于混凝土管，应待整条管道铺完、接头凝固后，方可试水。

试水时环境气温应不低于5℃。试水压力应为管道系统的设计工作压力，保持时间应不小于1h，应检查管道系统有无漏洞，发现漏洞应及时修补，修补后达到预期强度后，再重新试水，直至合格。

（1）塑料管道的修补。试水时如有裂缝漏水，应将管道内水排空，将裂纹管段锯掉，用承插法重新衔接，如发现小漏洞，用防水胶带缠绕即可。

（2）混凝土管的修补。承插管口漏水多发生在管子接头下部3～5cm处，管道停水放空后，可将漏水部位凿开、洗净、堵上高标号砂浆，如整个管道口处漏水严重，应重新换管。

二、管道工程的运行管理应注意的问题

管道工程一般由农户自行管理，也有的规模较大的管道系统联户管理。管道系统在运行中应注意以下几点：

（1）管道系统放水时应缓慢打开给水栓，开度由小到大，以便排除管内空气和污泥。灌水结束后应先停机再缓慢关闭给水栓，切忌急开急关。

（2）地面可拆卸的设备如分体式给水栓的上栓体、移动软管等，在停灌期间收回保管，妥善维护，这样做有利于延长设备寿命，降低运行费用。

（3）冬灌后为防止冻害应及时将管道内水排空。

（4）移动软管在使用时应将铺管路线乎整好，以防尖物扎破软管，移动时严禁拖拉，以防破裂。软管跨沟应架托保护，跨路应挖沟和垫土保护，转弯要缓慢，切忌拐直弯。

（5）用后清洗干净，卷好存放。应存放在空气干燥，温度适中地方，要平放，防止重压，防止软管折边磨坏，并注意防止老鼠咬坏。不要将软管与化肥等有气味物质放在一起，以防化学腐蚀，近而出现粘连。

三、保证管道输水灌溉系统做到经济合理要注意的一些问题

（1）应在分析确定可供水量的基础上，进行管道输水系统的设计施工，保证需水量、供水基本平衡。

（2）管道系统布置一般宜采用单水源管道系统。

（3）对于流量不大于 $30m^3/h$，可采用一级固定管道，即该管道同时起到输配水的功能。管网宜用树枝状分布。

（4）应力求管道总长度最短；管线平直，减少折点和起伏。

（5）管径选择应按管道的适宜流速确定。

（6）水源为蓄水池，水窖时，管道长度应按落差允许的沿程损失范围确定，管线不宜过长。

四、管灌系统维护与防护措施

1. 管灌系统的维护

（1）先开出水口后开泵抽水。

（2）出水口（给水栓）应避免急开急关。

（3）换用出水口（给水栓）必须是先开后关。

（4）灌水结束后，必须先停泵后关闭出水口。

加强管理防止砖石杂物投入管内，以免管道阻塞曝管。冬季应放空管内积水防止管道冻裂。

2. 管灌系统安全防护措施

（1）管道工程施工，要做到开沟够深（深度达冻层以下）、铺管接好（连接可靠）、试水回填。

（2）设计时控制管内流速不应大于 $2m/s$。

（3）装设安全阀或进、排气阀，防止突然停电、停泵时造成的破坏。

第四节 管道输水灌溉的器材及选用

常用的器材有：管材、给水栓（出水口）、管件、附属设备、机泵。

1. 管材

管材是管道输水灌溉系统的重要组成部分，一般占工程投资的 60%～70%，对管材的选用应考虑造价低廉、质量可靠、施工方便、经久耐用，要经过技术经济比较确定。常用的管材有：混凝土管、硬塑料管、钢管、塑料软管，不同管材的管内适宜流速见表 5-1。

表 5-1 不同管材的管内适宜流速

管 材	混凝土管	硬塑料管	塑料软管	钢 管
流速/(m/s)	0.5～1.0	1.0～1.5	0.5～1.2	≤1.8

（1）混凝土管。应充分利用当地砂石材料预制的管材，承插口形式。常用规格见表 5-2。

表 5-2 混 凝 土 管 管 材 规 格

管内径/mm	管外径/mm	壁厚/mm	管长/m	参考重量/kg
200	260	30	1	50
250	320	35	1	65
300	370	35	1	100

（2）硬塑料管。常用的硬塑料管有普通聚氯乙烯（PVC）管、双壁波纹管、高密度聚乙烯管（HDPE）、低密度聚乙烯管（LDPE），硬塑料管强度高、运输轻便、施工简单、运行可靠，一般每根长 5～6m。在灌溉工程中常用普通 PVC 管及低密度聚乙烯管。常用硬 PVC 管和聚乙烯 PE 管的规格和技术指标见表 5-3 和表 5-4。

表 5-3 常用硬 PVC 管材规格

公称外径/mm	公称压力/MPa	壁厚/mm
50	0.63	1.6
	1.0	2.4
	1.25	3.0
75	0.32	1.5
	0.63	2.3
	1.0	3.6
	1.25	4.5
110	0.32	2.2
	0.63	3.4
	1.0	5.3
	1.25	6.6

公称外径/mm	公称压力/MPa	壁厚/mm
125	0.32	2.5
	0.63	3.9
	1.0	6.0
	1.25	7.4
160	0.32	3.2
	0.63	4.9
	1.0	7.7
	1.25	9.5
200	0.32	3.9
	0.63	6.2
	1.0	9.6
250	0.32	4.9
	0.63	7.7
	1.0	11.9

表 5 - 4　　　　　　　　　　低密度聚乙烯管材规格

公称外径 /mm	公称壁厚/mm 公称压力 0.25MPa	公称壁厚/mm 公称压力 0.45MPa	公称壁厚/mm 公称压力 0.6MPa	公称壁厚/mm 公称压力 1.0MPa
6		0.5		
8		0.6		
10	0.5	0.8		
12	0.6	0.9		
16	0.8	1.2	2.3	2.7
20	1.0	1.5	2.3	3.4
25	1.2	1.9	2.8	4.2
32	1.6	2.4	3.6	5.4
40	1.9	3.0	4.5	6.7
50	2.4	3.7	5.6	8.3
63	3.0	4.7	7.1	10.5
75	3.6	5.5	8.4	12.5
90	4.3	6.6	10.1	15.0
110			12.3	18.3

（3）钢管。常用的钢管规格见表 5 - 5。

（4）塑料软管。塑料软管主要包含高压聚乙烯塑料软管和涂塑料软管。常用的高压聚乙烯塑料软管直径有 64mm、76mm、102mm、127mm。涂塑软管直径有 64mm、76mm、102mm。表 5 - 6 为塑料软管的管内流速及百米水头损失。

表 5 - 5　　　　　　　　　　　　　常 用 钢 管 规 格

公称直径（内径）/mm	外 径/mm	壁 厚/mm 普通钢管
40	48	3.50
50	60	3.50
65	75.5	3.75
80	88.5	4.00
100	114.0	4.00
125	140.0	4.50
150	165.0	4.50

表 5 - 6　　　　　　　　　塑料软管的管内流速 V 及百米水头损失 h_f

Q /(m³/h)	聚乙烯塑料软管 折径/mm×直径/mm				涂塑软管 折径/mm×直径/mm			
	120×76		160×102		100×64		160×102	
	V /(m/s)	h_f /m	V /(m/s)	h_f /m	V /(m/s)	h_f /m	V /(m/s)	h_f /m
10	0.61	0.35	0.34	0.13	0.88	1.55	0.34	0.16
20	1.24	1.41	0.69	0.5	1.75	6.18	0.69	0.62
30	1.83	3.18	1.03	1.13			1.03	1.4
40			1.37	2.02			1.73	2.4

2. 给水栓（出水口）

给水栓是管道输水灌溉的田间灌水装置，它是固定管道和移动软管的连接件，给水栓连接软管向沟畦供水，一般控制面积为 10 亩左右，工作压力不小于 0.02MPa。选用给水栓连接从其技术性能指标，田间工作适应性和造价综合考虑，一般尽量满足以下条件：①结构简单，坚固耐用；②密封性能好，局部水头损失小；③整体性好，开关方便，易于装卸；④功能多，除供水外，尽可能具有进排气，消除水锤、真空等功能；⑤造价较低。

给水栓的型式很多，根据止水原理可分为：外力止水、内水压止水、柱塞止水三种类型。目前北京各区县常用的给水栓是外力止水型，以螺杆压盖控制开关，其结构可分为整体型和分体型。

3. 管件

把管材连接成完整的可以运行的管路系统的异型管材称为管件，一般包括三通、弯头、四通、堵头等。管件可由混凝土、硬塑料、钢管、铸铁等材料制成。钢管件及铸铁管件在北京区县的输水管道工程中常被采用，钢管件及铸铁管件与硬塑料管连接时，先将管件端头的外管壁用砂纸打光或机器加工磨光，再涂以粘接剂，把塑料管加热，软化后热插，插接长度应为管径的 1～1.5 倍。钢管管件一般由区县水利部门自行加工，铸铁管件可在市政铸造厂购置。

4. 附属设备

为保证输水管道的正常安全运行，在管路上设置的控制装置、排水装置、排气装置及量测等装置，这些装置统称为附属设备。附属设备有以下两种。

（1）闸阀：设在管道的首部水源工程处，开启闸阀使管路通水，关闭闸阀使管路停水。此外在管路的最底处也要设置闸阀以便在管路检修时或冬灌后排空管内积水。

（2）进排气阀：当管道顺坡时，向管道内冲水，水先充满尾部后，管内空气逐步向首部压缩，如不及时排出，将缩小管道的过水断面，减小过水流量，同时还会引起管道震动；如管道逆坡或坡度为零时，管道充水空气常集中在尾部，压力逐渐增大对管道安全也形成很大威胁。因此在管道的高峰处应设进排气阀或排气管。进排气阀可在水暖器材商店购置。进排气阀直径一般取管道直径的 1/2。

第五节 管 灌 设 计 示 例

一、管网布置设计

【例 5-1】 一形状如图 5-6 所示的长方形地块，纵向边长 300m，横向边长 200m，总面积 6hm²，由单井控制，井位在地块横向边的中间。给水栓呈两行布置，纵向间距 50m，横向间距 100m。试计算两种布置形式（鱼骨形和梳齿形）的管道总长度。

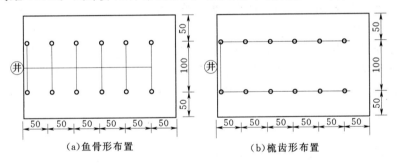

图 5-6 给水栓向一侧分水示意图（单位：m）

解：按鱼骨形连接支管时，井距管道首 2m，管道总长度：$l = 2 + 50 \times 5 + 100 \times 6 = 852$（m）；每公顷管道长 142m。若按梳齿形连接支管时，管道总长度仅为 $l = 2 + 100 + 50 \times 5 \times 2 = 602$（m）；每公顷管道长 100m。两种布置形式管道长度相差 250m，梳齿形比鱼骨形可节省管道长度 29%。

【例 5-2】 如图 5-7 所示的长方形地块，纵向边长 300m，横向边长 160m，总面积 4.8hm²，由单井控制，井位在地块横向边的中间。给水栓呈两行布置，纵向间距 100m，横向间距 80m。试计算两种布置形式（鱼骨形和梳齿形）的管道总长度。

解：按鱼骨形连接支管时，管道总长度：$l = 50 + 2 \times 100 + 3 \times 80 = 490$（m）；每公顷管道长 102.1m。若按冂字形连接支管时，管道总长度为 $l = 50 + 80 + 4 \times 100 = 530$（m），每公顷管道长 110.4m。两种布置形式管道长度相差 40m，鱼骨形比梳齿形可节省管道长度 8.2%。

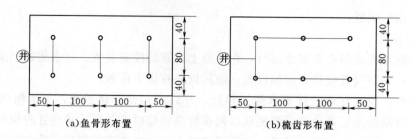

图 5-7 给水栓向两侧分水示意图（单位：m）

二、管灌工程设计

北方平原某新灌区，总面积 2.6km²，耕地 1800 亩。该区土质偏砂性、土地平整基础差，为提高水的有效利用率和灌水质量，拟采用低压管道输水灌溉技术。

1. 基本情况

（1）地形和土壤。井灌区地势较为平坦，由北向南呈缓坡，平均地面坡降 1/10000。土壤为砂姜土，土壤容重为 1.38t/m³，田间持水量 21%。

（2）气象。该区属半湿润季风气候区，多年来平均降水量 562.9mm，平均年蒸发量为 1111.3mm，年平均气温 14.5℃，最大冻土层为 50cm。

（3）水文地质。该区潜层含水砂层厚度 20～30m，以粉砂、细砂为主，单井出水量 40～45m³/h。地下水矿化度 0.5g/L，水质良好。冬春季地下水位埋深 5m 以下，降雨入渗系数 $\alpha = 0.2 \sim 0.25$，给水度 $\mu = 0.05$。根据地下水资源评价成果，每平方公里多年平均降雨补给量为 20 万 m³。

（4）排水条件。灌区内大、中、小沟已基本配套，除涝达到五年一遇标准。

（5）作物种植。目前春季以小麦为主，秋季作物以玉米、大豆为主，并有少量棉花，山芋，复种指数 1.6；工程建成后，可扩大玉米及棉花、大豆等经济作物种植面积，复种指数提高到 1.75。

2. 灌区制度

（1）灌水定额。灌水定额主要由小麦抽穗期灌溉控制，按下式计算：

$$m = 667 \gamma_s h (\beta_{田} - \beta_0)$$

式中 m——灌水定额，m³/亩；

γ_s——土壤容重，t/m³，砂姜黑土为 1.38t/m³；

h——土壤计划湿润深度，m，对小麦取 0.5m；

$\beta_{田}$，β_0——灌水上、下限，%，对小麦下限取田间持水量的 65%。

则 $m = 667 \times 1.38 \times 0.5 \times (0.21 - 0.65 \times 0.21)$

$= 33.8 (m³/亩)$

（2）灌水周期。该灌区在 4 月下旬至 5 月上旬需水高峰期（拔节、孕穗和抽穗、开花期）的需水强度 E 为 5.8mm/d，灌水周期可由下式计算：

$$T = \frac{m}{E} = \frac{33.8}{5.8 \times 667/1000} = 8.7(d)$$

取整，即取灌水周期 9 天。

（3）单井控制灌溉面积。根据与该灌区相邻且水文地质条件相同的机井测试，单井出水量一般在 $40\sim50\text{m}^3/\text{h}$，取 $Q=45\text{m}^3/\text{h}$ 作为本灌区的单井出水量。每天灌水时间 t 按 13h 计，灌水周期 T 为 9d，灌溉水的有效利用系数 η 取 0.85，单井控制灌溉面积 A 可按下式计算：

$$A=\frac{QtT\eta}{m}=\frac{45\times13\times9\times0.85}{33.8}=132.4\text{（亩）}$$

取整，即取 $A=135$ 亩。

（4）机井数量。灌区耕地 1800 亩，单井控制面积 135 亩，则需打井数为：

$$n=\frac{1800}{135}=13\text{（眼）}$$

3. 机井及管网布置

（1）井型及井位。根据灌区的水文地质条件，机井采用无砂混凝土筒井，井深为 30m，井径 0.3m。

（2）管网布置。由于地势平坦可采用 H 形布置，田间配水采用双向，整地时注意沿出水口双向供水作畦，如图 5-8 所示。

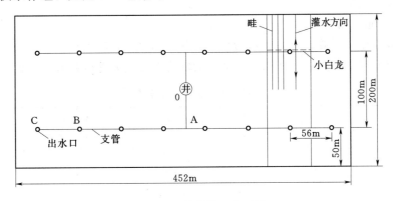

图 5-8 单井管网布置图

由于灌区沟、路已成系统，每块方田约 130～140 亩，为尽量减少管道长度和输水水头损失，机井井位拟布设在地块中央。

4. 管网设计

（1）管材。根据铺设技术简单，施工工期短，质量标准易保证，造价低廉等条件，选用薄壁塑料硬管，各种管件采用塑料厂家定型配套产品。

（2）管径。由于机井在地块中央，管网为 H 形布置，可以由两种运行方式：第一种是水泵将水送入管网管首，然后向两侧干管分流，两侧同时开启 1～2 个出水口灌水，这种方式干、支管所输送的流量各为 $Q/2$，可缩小管径，节约投资，缺点是进行管理不便，由于两侧出水口可能启用不同步或误操作，容易影响管网的安全运行。

第二种是按 4 条支管轮灌，在灌水的支管上每次开启 2 个出水口，这种方式运行管理方便，安全可靠，但管径可能需加大而增加投资，否则，管道的水头损失会增大能源消耗。考虑目前农村的管理水平较低，拟采用第二种方式设计管道，管径按产品规格偏小取用。待管理水平提高后再改为第一种方式运行，以节省能耗，降低灌溉成本。

已知单井出水量 $Q=45\text{m}^3/\text{h}$，管道采用薄壁塑料硬管，其经济流速取 $V=1.0\text{m/s}$，地面移动软管的经济流速取 $V=0.6\text{m/s}$，则管径干、支管可按下式初估：

$$d=1.13\sqrt{\frac{Q}{V}}=1.13\sqrt{\frac{45/3600}{1.0}}=0.126\,(\text{m})$$

按塑料管规格，薄壁塑料硬管采用 110mm。

地面移动软管：$d=1.13\sqrt{\frac{Q/2}{V}}=1.13\sqrt{\frac{22.5/3600}{0.6}}=0.115\,(\text{m})$

地面移动软管采用 102mm。

（3）管道水力计算。

1）沿程水头损失 h_f 为：

$$h_f=f\frac{Q^m}{D^b}L$$

式中　L——管段长度，m；

D——管道内径，m；

Q——管道流量，m^3/s。

m、f、b 对于硬塑管 $m=1.774$，$f=9.15\times10^4$，$b=4.774$。

各级管道沿程水头损失计算成果，聚乙烯软管水头损失查得数值列入表 5-7。

表 5-7　　　　　　　　　　　　沿程水头损失计算成果表

管　段	长度 L /m	管内径 D /m	流量 Q /(m^3/h)	沿程水头 损失 h_f/m
干管 OA	50	0.106	45.0	0.89
支管 AB	140	0.106	45.0	2.43
支管 BC	56	0.106	22.5	0.28
移动软管	50	0.100	22.5	0.31
合计				3.91

2）局部水头损失。局部水头损失可近似地按沿程水头损失的 10% 估计，即 $h_局=0.4\text{m}$。

管路摩阻损失按最远 2 个出口放水计算：$h_损=4.31\text{m}$；

最近 2 个出口放水管路摩阻损失：$h_损=2.6\text{m}$。

（4）管道埋没深度。根据冻土层深度和防止鼠害要求，埋深 0.7m。

5. 机泵选型

确定水泵总扬程。根据该井灌区地下水多年变化分析，枯水期地下水埋深降至 9m，机井抽水时的动水位降深 3m，管路摩阻总损失 4.3m，地面移动软管出口工作水头 0.2m，合计最大总水头 $H\geqslant16.5\text{m}$。

以上是最大水头值，据此选择水泵是不经济的，还应考虑多年平均的情况，并考虑管路摩损。按最远 2 个出口放水和最近 2 个出口放水所计算的数值平均为 3.3m，则选泵扬程范围：$H=15.5\sim16.5$m。水泵流量按机井出水量 45m³/h 考虑。

根据以上数据，查水泵手册，选用接近要求的水泵，200JC/S50－18 型长轴深井泵较为符合，其性能参数 $Q=50$m³/h，$H=18$m，$n=2940$r/min，$N=3.43$kW，$\eta_p=71.5\%$。

第六章 喷 灌 技 术

第一节 喷 灌 基 本 知 识

喷灌是先进的田间灌水技术，用喷头把水洒向空中，水在空中变成水滴后降落到田面（又称"人工降雨"），是一种使被灌溉土地全部湿润的灌水方式。喷灌系统一般由水源（机井、地表明水）、动力设备（电动机、柴油机）、管网（一般包括干管和支管及其相应的连接控制部件，如弯头、三通、闸阀等）和喷头（一般用竖管支掌连在支管上）组成，如图 6-1 所示。喷灌具有灌水均匀，用水量省；适应性强；省地、省工；较传统地面灌水作物产量高等优点。

一、喷灌系统分类

喷灌系统可按不同方法分类。按系统获得压力的方式分为机压喷灌和自压喷灌；按设备组成分为管道式喷灌和机组式喷灌；按喷洒特性分为定喷式喷灌和行喷式喷灌；按管网是否移动和移动程度分为固定式、移动式和半固定式喷灌系统。

根据北京应用的实际以下主要对固定式喷灌系统、移动式喷灌系统、半固定式喷灌系统作简要介绍。

1. 固定式喷灌系统

喷灌系统的各组成部分除喷头外，都是固定不动的，水泵和动力机组成固定型的泵站，干管和支管埋入地下。固定式喷灌具有使用操作方便、易管理养护、生产率高、运行费用低、工程占地少等优点，但工程投资大，设备利用率低。固定式喷灌系统在北京常用于草坪喷灌。

2. 移动式喷灌系统

在田间，水源（机井、塘式引水渠）是固定的，而动力、管道和喷头全都是移动的。在灌溉季节里，一套设备可以在不同地块上轮流使用，因而提高了设备利用率，降低了单位面积的设备投资，但管理劳动强度大。

3. 半固定式喷灌系统

喷灌系统的动力，水泵和干管是固定的。在干管上隔一定距离装有给水栓，支管和喷头是移动的。支管在一个位置上与给水栓连接进行的喷洒，喷洒完毕，即可移至下一个给水栓，连接后再行喷洒。这样的喷灌系统比固定式喷灌设备利用率高、投资也省、操作起来比移动式喷灌劳动强度也低，生产率也高一些。

二、喷头的选用

1. 喷头的分类

喷头的种类很多，按工作压力大小，可分为高压、中压、低压三类；按喷头结构形式可分为旋转式、固定式和孔管式三种;按喷水特征可分为散水式和射流式,见表6-1。

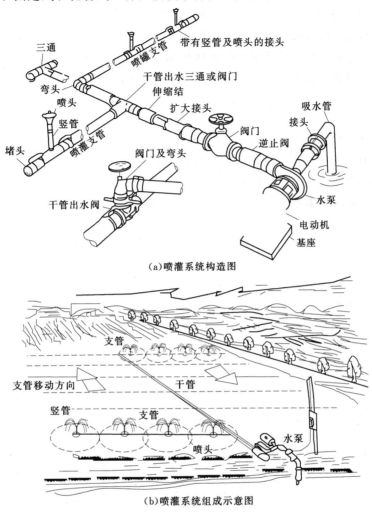

(a)喷灌系统构造图

(b)喷灌系统组成示意图

图 6-1 喷灌系统

表 6-1 喷头按工作压力和射程分类表

类 别	工作压力 /kPa	射 程 /m	流 量 /(m³/h)	特点及使用范围
微压喷头	50～100	1～2	0.008～0.3	耗能量省,雾化好,适用于微型灌溉系统,可用于花卉、园林、温室作物的灌溉
低压喷头 (近射程喷头)	100～200	2～15.5	0.3～2.5	耗能少,水滴打击强度小,主要用于菜地、果园、苗园、温室、公园、连续自动行走喷式喷灌机等
中压喷头 (中射程喷头)	200～500	15.5～42	2.5～32	均匀度好,喷灌强度适中,水滴合适,使用范围广,如公园、草地、果园、菜地、大田作物、经济作物及各种土壤等
高压喷头 (远射程喷头)	>500	>42	>32	喷灌范围大,生产率高,耗能高,水滴大,适用于对喷洒质量要求不太高的大田、牧草等的灌溉

2. 喷头的主要水力参数

选择喷头的主要依据有工作压力、流量、射程等水力参数。

（1）工作压力。喷头的工作压力是指喷头进口前的内水压力，单位为 kPa 或 kg/cm²。

（2）流量。单位时间内喷头喷出的水体积称为喷水流量 q，单位为 m³/h 或 l/s。

（3）射程。射程是指在无风条件下，喷射水流所能达到的最大距离，也称喷洒湿润半径 R，单位为米（m）。

3. 选用喷头的原则

选用喷头时，根据其工作压力、流量、射程、喷嘴直径、喷洒强度来确定。应遵循的原则：结构简单、运行可靠、维修方便、耗能低，还要有良好的降雨分布特性和雾化程度。目前使用最普通的是 PY 系列摇臂式喷头。

三、喷灌的基本技术要求

1. 喷头的组合布置合理

图 6-2 为喷头的布置形式示意图，图 6-3 为喷头组合形式示意图。

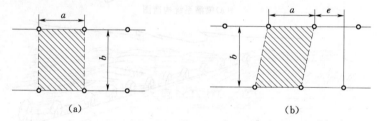

图 6-2　喷头的布置形式

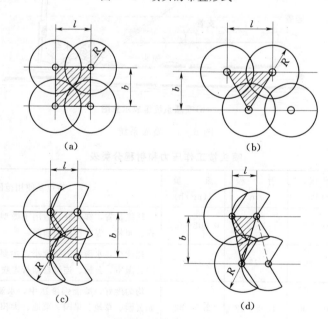

图 6-3　喷头组合形式

喷头的喷洒方式有全圆喷洒和扇形喷洒，全圆喷洒喷头的间距较大，喷洒强度较小，一般在管道式喷灌系统中采用，只在地边、地角作扇形喷洒。

喷头的组合布置形状，一般用相邻 4 个喷头平面位置组成的图形表示。喷头的基本布置形式有两种，矩形组合和平行四边形组合。

喷灌组合的原则：①组合均匀度满足设计要求；②不发生漏喷；③组合平均喷灌强度不大于土壤允许喷灌强度；④系统投资和运行费用低。

2. 适时适量灌水

按照作物需水规律，制定科学的灌水计划，根据土壤水分，作物长势，天气变化情况随时调整灌水计划，用以指导灌水。

3. 均匀灌水

合理布置喷洒点的位置，达到灌水均匀的目的。一般要求在设计风速下均匀系数不低于 0.75～0.85。

喷灌均匀系数：

$$C_u = 1 - \frac{\Delta h}{h} \tag{6-1}$$

$$\Delta h = \frac{\sum_{i=1}^{n} |h_i - h|}{n}$$

上二式中 h——喷洒水深的平均值，mm；

Δh——喷洒水深的平均离差，mm。

4. 喷灌强度适宜

单位时间内喷洒在田间的水层深度称为喷灌强度，喷头允许喷灌强度见表 6-2。单个喷头全圆喷洒，其喷灌强度计算公式为：

$$P_s = \frac{1000 q_p}{\pi R^2} \tag{6-2}$$

式中 q_p——喷头喷洒水流量，m³/h；

R——喷头射程，m。

表 6-2 喷头允许喷灌强度

不同类别土壤允许喷灌强度		坡地允许喷灌强度降低值	
土壤类别	允许喷灌强度 /(mm/h)	地面坡度 /%	允许喷灌强度降低 /%
砂土	20	5～8	20
砂壤土	15	9～12	40
壤土	12	13～20	60
壤黏土	10	>20	75
黏土	8		

支管上的若干个喷头同时做全圆喷洒，其喷灌强度计算公式为：

$$P = k_\omega C_p P_s \tag{6-3}$$

式中 k_ω——风影响系数；

C_p——喷头布置系数。

5. 雾化良好

雾化程度指喷头喷射出去的水流在空中的粉碎程度。雾化程度以指标 h_p/d 表示，其中 h_p 为喷头工作压力水头，d 为喷头主喷咀口径，两者均以米计，见表 6-3。

表 6-3　　　　　　　　　　各种作物适宜雾化指标

作 物 种 类	h_p/d
蔬菜、花卉	4000～5000
粮食作物、经济作物、果树	3000～4000
牧草、饲料作物、草坪、绿化林木	2000～3000

第二节　喷灌系统设计

一、收集基本资料

收集的基本资料主要包括地形、土壤、水源、气象、作物、灌水经验、土地利用、水利建设现状及发展规划等。

二、工程总体安排布置

（1）选择喷灌系统形式。

（2）选用喷灌机型、喷头型号。

（3）初步安排水源、泵站、各级管道位置。在地面坡度较大的山丘区，干管应沿主坡方向布置，并尽量在高处，支管则平行等高线或沿梯田布置。在可能的条件下，还应设法使支管与风向垂直，与作物垄向一致，尽量使管线最短。

（4）确定喷头组合形式以及喷头在支管上的布置间距和支管间距，绘制工程平面布置图。

三、拟定作物喷灌制度

1. 喷灌灌水定额

$$m_{喷} = 1000\gamma h(\beta_1 - \beta_2)\frac{1}{\eta} \tag{6-4}$$

式中　$m_{喷}$——设计灌水定额，m^3/hm^2；

　　　γ——土壤容重，t/m^3；

　　　h——计划湿润层深度，m，大田作物 0.4～0.6m，蔬菜 0.2～0.3m；

　　　β_1——田间持水量；

　　　β_2——作物的适宜土壤含水量下限，取田间持水量为 60%～70%；

　　　η——喷洒水利用系数，风速小于 3.4m/s 时，$\eta=0.8～0.9$，风速为 3.4～5.4m/s 时，$\eta=0.7～0.8$，湿润地区取大值，干旱地区取小值。

2. 设计灌水周期

$$T_{喷} = \frac{m}{E}\eta \tag{6-5}$$

式中　E——作物需水关键时期的平均日需水量，mm/d。

四、确定开启喷头数

1. 校核组合喷灌强度

当风速超过 1m/s 时，相邻的喷头同时喷洒，各喷头湿润的面积有重叠，这时设计喷灌强度显然比单喷头无风条件下全圆喷洒的喷灌强度大，即 $P>P_s$。这时，设计喷灌强度 P 的计算式：

$$P=K_w C_p \frac{1000q_p}{\pi R^2} \qquad (6-6)$$

式中 P——设计喷灌强度，mm/h；

$\quad C_p$——布置系数，查表 6-4 计算；

$\quad K_w$——风系数，可查表 6-4；

$\quad q_p$——喷头喷洒水流量，m^3/h。

表 6-4　　不同运行情况下的 C_p 值、K_w 值

不同运行情况下的 C_p 值		不同运行情况 K_w 值	
单喷头全圆喷洒	1	单喷头全圆喷洒	$1.15V^{0.134}$
单喷头扇形喷洒（扇形中心角为 α）	$\dfrac{360}{\alpha}$	单支管多喷头 支管垂直风向	$1.15V^{0.194}$
单支管多喷头 同时全圆喷洒	$\dfrac{\pi}{\pi-\dfrac{\pi}{90}\arccos\dfrac{a}{2R}+\dfrac{a}{R}\sqrt{1-\left(\dfrac{a}{2R}\right)^2}}$	同时全圆喷洒 支管平行风向	$1.12V^{0.302}$
多支管多喷头 同时全圆喷洒	$\dfrac{\pi R^2}{ab}$	多支管多喷头 同时全圆喷洒	1

注 R 为喷头射程；本表公式适用风速 $V=1\sim5.5m/s$ 的区间。

2. 喷头在一个作业位置的喷洒时间 $t_{作}$

$$t_{作}=\frac{m}{p} \qquad (6-7)$$

3. 喷头每日轮换作业次数 n

$$n=\frac{t_日}{t_作} \qquad (6-8)$$

式中 $t_日$——每日喷灌作业时间，固定式系统可取 12h，半固定式系统取 10h，移动式系统取 8h。

4. 需同时工作的喷头数

$$N_p=\frac{N}{nT} \qquad (6-9)$$

式中 N——喷灌区布置的喷头位置总数，由平面图得出。

按上式计算结果（取整数）结合平面布置图，对同时工作的喷头以及支管进行作业编组，确定轮灌顺序。

五、确定管道管径

1. 输配水管管径

输配水管管径用经验公式计算，选取管道规格表内接近值。

当 $Q<120\mathrm{m^3/h}$ 时 $\qquad D=13\sqrt{Q}$

当 $Q>120\mathrm{m^3/h}$ 时 $\qquad D=11.5\sqrt{Q}$

2. 支管管径

按照《喷灌工程技术规范》（GB/T 50085—2007）规定，选定支管管径应尽量设法使支管首末端压力差不超过喷头工作压力的20%。

$$h_\omega \leqslant 0.2 h_p$$

式中 h_p——设计喷头工作压力，m。

若暂时按支管局部水头损失 $h_{j支}=10\% h_f$ 估算，$h_w=h_f+h_j=1.1h_f$，则通过沿程水头损失计算式 $h_f=fL\dfrac{Q^m}{d^b}$ 经变换后，可得到支管管径计算表达为：

$$d_支 = \sqrt[b]{\frac{fQ^m}{0.182H_p}LF}$$

算得支管管径之后，还需按现有管材规格确定实际管径。

六、进行管道水力计算，选配水泵及动力机

1. 管道沿程水头损失（哈-威公式）

$$h_f = fL\frac{Q^m}{d^b} \qquad\qquad (6-10)$$

式中 Q——管内通过的流量，$\mathrm{m^3/h}$；

$\quad L$——管道长度，m；

$\quad d$——管道内径，mm；

$\quad f$——沿程摩阻系数，查表6-5；

$\quad m$——流量指数，查表6-5；

$\quad b$——管径指数，查表6-5。

表 6-5　　　　　　　　　　　　　　f、m、b 数值表

管　材	f	m	b
钢管	6.25×10^5	1.9	5.1
硬塑料管	0.948×10^5	1.77	4.77
铝管、铝合金管	0.861×10^5	1.74	4.74

2. 多孔系数

在喷灌系统中，沿支管安装许多喷头，支管流量自上而下逐渐减小，应逐段计算两喷头之间管道沿程损失。但为了简化计算，常以进口最大流量和管道全长计算 h_f，然后乘一个多口系数 F（可查表）得到管道实际的沿程水头损失。

多孔系数计算公式：

$$F = \frac{N\left[\dfrac{1}{m+1}+\dfrac{1}{2N}+\dfrac{(m-1)^{0.5}}{6N^2}\right]-1+X}{N-1+X} \qquad\qquad (6-11)$$

式中 N——孔口总数；

m——流量指数（硬质塑料管 $m=1.774$，铝合金管 $m=1.74$）；

X——多孔支管首孔位置系数，即第一个孔口到管进口的距离与孔口间距之比。当与孔口间距相等时，$X=1$；为孔口间距一半时，$X=0.5$。

3. 局部水头损失 h_j

局部水头损失为简化可按沿程水头损失的 10% 计算。

4. 喷灌系统的设计扬程

$$H=Z_2-Z_1+h_a+h_p+\sum h_f+\sum h_j$$

式中 Z_1——水源水面高程，m；

Z_2——典型喷点的地区高程，m；

h_a——典型喷点的竖管高度，m；

h_p——典型喷点的喷头工作压力，m；

$\sum h_f$，$\sum h_j$——由水泵吸水管至典型喷点的喷头进口处之间管道沿程水头损失之和，局部水头损失之和，m。根据总扬程 H 和设计总流量（同时运转的喷头流量之和）选取水泵，然后再配动力机。

进行管道水力计算，选配水泵及运力机后，可进行管道系统结构和泵站设计，近而编制工程预算，提出施工要点和管理运用的技术要求。

第三节 喷 灌 器 材

一、喷头

喷头的选用要考虑喷头自身的水力性能（流量，射程，工作压力，均匀度，喷嘴形状与直径），作物种类和土壤特点。一般说来流量大，射程远的喷头，水滴就大，反之水滴就小。因此蔬菜、幼嫩作物就要选用小喷头，而小麦、玉米则可选用较大的喷头。

对于黏性土要选用低喷灌强度的喷头，而砂性土则可选喷灌强度稍高的喷头。

此外，在需要采用扇形喷洒方式时，还应选用带有扇形机构的喷头。对于自压喷灌系统，其工作压力主要取决于自然水头，还要根据地形的高低选择不同的喷头，在最高处，压力最小，用低压喷头，在最低处，压力最大，采用高压喷头。

二、管材及附件

喷灌管材按其使用方式可分为固定管和移动管，按材质可分为金属管和非金属管。目前在喷灌中用得较多的固定管材是高压聚氯乙烯管（RPVC 管），移动管多用锅合金管。

管材的选用要根据管网所承受的水压力，外力以及管道的移动程度等因素，并参照各种管材的优缺点，性能，规格和使用条件来选定。还应考虑单价、使用寿命和市场供应等情况。现在固定管道多采用高压硬塑料管，但在外力较大的地方（如穿越道路下面时）则考虑改用钢管或铸铁管。移动管则要用铝合金管，薄壁钢管，薄壁铝管。

喷灌塑料管有硬聚氯乙烯（UPVC）管、高压聚乙烯（PE）管、聚丙烯（PP）管。按壁厚不同，可承受内压 $0.4\sim1.2$ MPa。其优点是容易施工，能适应一定的不均匀沉陷，使用寿命长。

喷灌系统附件主要分控制用和安全用管件两大类，一般常用的控制阀、安全阀、减压阀、排气阀、水锤消除器、专用阀等，其作用主要是控制管道系统内的压力和流量，在管道内水压发生波动时，确保管道系统的安全。喷灌专用阀包括弯头阀、给水栓和竖管快接阀方便体等。

三、水泵及动力

水泵种类繁多，在农业灌溉方面，除了选用高扬程的离心泵作为喷灌加压泵外，还有供喷灌加压用的专用水泵，称为喷灌专用泵。

水泵的扬程必须大于喷灌系统的设计水头。水泵的流量必须大于喷灌系统的设计流量。喷灌系统设计流量应大于全部同时工作的喷头流量工作之和。

根据流量和扬程值，在水泵性能表中选用性能相近的水泵，与水泵配套的电动机，一般可以由水泵样本直接查得。

四、喷灌机组

喷灌机组是自成体系，能独立在田间移动喷灌的机械。喷灌机的形式多种多样，选择时应根据当时的实际情况，如地形、灌溉面积、作物、水源、土壤、人力、投资等。喷灌机组有大中型喷灌机组和小型喷灌机组，大中型喷灌机组适用于灌溉面积较大的地区，而在山丘区，大多数采用小型喷灌机。

小型喷灌机组，把动力机，水泵，喷头及一部分管道等用机架组装在一起，就成为喷灌机。微型，轻型喷灌机可以手提或人抬移动。为了扩大喷灌机的控制面积，减少搬移次数和田间供水管，渠的密度，多数喷灌机都有配有长度不等的管道。小型喷灌机组有手提式、手抬式、手推式三种。

优点：移动方便，使用灵活，投资低，适应性强，技术要求不高，可综合利用农村小动力。缺点：机具移动不便。

第四节　喷灌工程维护管理

喷灌工程的技术管理应严格按照《喷灌工程技术管理规程》SL 569—2013进行。

一、喷灌系统在田间灌水时的正确操作

地面移动管道每次使用前应逐节检查，并符合下列要求：①管和管件完好齐全，止水橡胶圈质地柔软，具有弹性；②地面移动管道的铺设应从其进水口开始，逐渐进行；③管道接头的偏转角不应超过规定值，竖管应稳定直立；④轮换支管时，交替支管的阀门应同时启闭；⑤地面移动管道搬移前，应放掉内积水，拆成单根，搬移时严禁拖拉，滚动和抛掷；⑥在拆装搬移金属管道时，应防止触及电线，灌水时喷射水流要防止射向裸露输电线；⑦软管应盘卷搬移；⑧喷灌作业开机时要先完全开启支管管端闸阀，微启总干管管端闸阀，在开泵，待水泵运转正常时再缓缓打开干管首端阀，直到完全打开；⑨喷灌系统工作时，对工作不正常的喷头要及时更换；⑩主管道发生问题时需及时停泵，要先缓缓关闭干管首端闸阀再停泵。

喷头运转中应进行巡回监视，如发现下列情况应及时处理：①进口连接部件和密封部位严重漏水；②不转或转速过快、过慢；③换向失灵；④喷嘴堵塞或脱落；⑤支架歪斜或

倾倒。

二、喷灌器材的保管养护

1. 喷头的保养

每年灌溉季节终了或喷头长期不使用时，要对喷头进行依次全面的分析检查，清洗所有部件，擦干后，并往各钢铁连结部位和摩擦表面涂油防锈。

喷头存放时，宜松弛可调弹簧，并按不同规格型号顺序排列存放，不得堆压。

喷头保养技术要求：①零件齐全，连结牢固，喷嘴规格无误；②流道通畅，转动灵活，换向可靠；③弹簧松紧适度。

2. 管道的使用和保养

移动管道不用时，入库前应先进行保养：拆下橡胶圈洗净，阴干，涂上滑石粉，置于远离石油制品的干燥通风处；管道及管件不能和含碱的物质放在一起，如石灰，化肥，煤等；入库时管道和管件不得露天存放，距离热源不得小于1m。

3. 水泵的保养

采用钙基脂作润滑油的水泵，每年运行前应将轴承体清洗干净，依次更换润滑油。采用机油润滑的新水泵，运行100h应清洗轴承体内腔，换以洁净的机油之后，每工作500h更换一次。

水泵运行1500～2000h，所有部件应拆卸检查，清洗除锈，维护保养。灌溉季节结束，应将泵体内积水放尽。冬灌期间，每次使用后，均应及时放水。长期存放时，泵壳及叶轮等过流部位应涂油防锈。

4. 动力机的保养

电动机应经常除尘，保持干燥。经常运行的电动机每月应进行一次检查，灌溉季节结束后应进行一次检修。

长期存放的电动机，应定期接通电源空转，烘干防潮。

长期存放的柴油机，应放尽机油，柴油和冷却水，并向缸筒注入10～15g的新机油，同时应封堵空气滤清器，拭净管口和水箱口，覆盖机体。单缸柴油机应摇转曲轴使活塞处于压缩行程上止点位置。

5. 喷灌机的保养

每次喷灌作业完毕，应对喷灌机各部件进行日常保养，并检查连结紧固情况。

每年灌溉季节结束，应对喷灌机各部件进行全面检修，入库存放。喷灌机存放时，应排列整齐，安置平稳，相互间留有通道，轮胎或机架应离地，传动皮带应卸下，弹簧应放松。

第五节　管道系统布置实例

一、固定式喷灌系统

某灌区地势平坦，土质为壤土，种植小麦和玉米，南北垄向，灌溉水源为井水。水井的出水量为50m³/h，动水位30m，电力有保证，设计风速低于3m/s。

1. 管道系统布置

喷灌工程采用二级管道，主干管东西向布置，长 420m，支管南北向布置，长 200m，每条支管设 11 个喷头，如图 6-4。

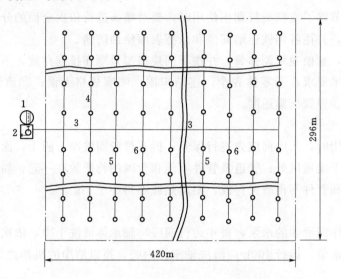

图 6-4 全固定管道式喷灌系统布置图

1、2—井、泵；3—主干管；4、5—支管；6—喷头

2. 喷头的选择及组合间距的确定

土壤的允许最大喷灌强度为 12mm/h，要求雾化指标大于 3000～4000，选用 ZY2-1 型喷头。工作压力为 30m，雾化指标为 4286，流量 3.47m³/h。采用 18m×18m 正方形组合布置，如图 6-5。

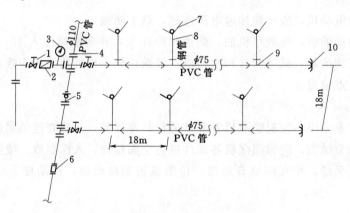

图 6-5 全固定管道式喷灌系统设备配套示意图

1—闸门；2—水表；3—压力表；4—三通；5—通气阀；6—安全阀；
7—喷头；8—竖管；9—三通、方便体；10—堵头

3. 设备配套清单

设备配套清单详见表 6-6。

表 6 - 6　　　　某灌区（296m×420m）全固定管道式喷灌系统设备配套清单

序号	设备材料名称与规格	单位	数量	序号	设备材料名称与规格	单位	数量
1	4in 双法兰 90°弯头	个	2	19	胶封圈 $\phi75$	个	60
2	4in×25 带放气孔双法兰直管	套	1	20	胶封圈 $\phi110$	个	10
3	4in×1000 双法兰直管	根	1	21	方便体 $\phi32$	个	528
4	4in 单法兰 90°弯头	个	1	22	塑料管 $\phi75$	m	9360
5	4in 截门法兰、4in 单法兰短管	根	2	23	塑料管 $\phi110$	m	420
6	4in×3in×500 异径三通（一头堵）	个	2	24	电缆线 3×102	m	40
7	4in 截门	个	2	25	潜水电泵机组 50×78	台	1
8	4in 胶垫	个	20	26	磁力开关 20kW	台	1
9	3in 胶垫	个	650	27	泵管 3in×3m	根	10
10	$\phi16$ 螺杆螺母	套	30	28	套袖接头 $\phi110$	个	10
11	$\phi14$ 螺杆螺母	套	2500	29	套袖接头 $\phi75$	个	10
12	$\phi12$ 螺杆螺母	套	100	30	100PS-1 型喷灌施肥器	台	1
13	测压设备	套	1	31	3in×3in×500 三通单法兰	个	480
14	PVC 胶	kg	100	32	3in×3in×500 二通单法兰	个	48
15	立管 $\phi33×1000$	根	88	33	3in 截门	个	48
16	立管 $\phi33×500$	根	88	34	3in 截门短管	个	48
17	变径管箍 $\phi33$	个	88	35	3in×1.5in×500 短管	个	528
18	铝喷头 ZY2-7.0/3.2	个	88				

注　表中 $1in=2.54×10^{-2}m$。

二、移动式喷灌系统

1. 管道系统布置

灌区地块南北宽 360m，东西长 370m。据此采用二级管道，主干管东西向布置，总长 365m，支管南北向布置，长 180m，每条支管设 10 个喷头，如图 6-6。

2. 喷头的选择及组合间距的确定

选用 Y2-7.0/3.2 型喷头，工作压力为 30m，流量 3.8m³/h，射程 19.1m，雾化指标为 4000，最大喷灌强度为 11.8mm/h，均满足要求。当风速在 3.0m/s 以下时，采用 18m×18m 正方形布置系统结构，连接形式如图 6-7 所示。

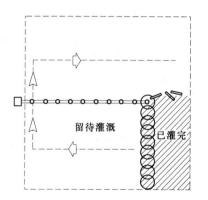

图 6-6　移动管道式喷灌系统示意图

三、半固定式喷灌系统

1. 管道系统布置

该地块南北宽 400m，东西长 420m。采用二级管道，主干管东西向布置，总长 420m，支管南北向布置，长 200m，每条支管设 11 个喷头。

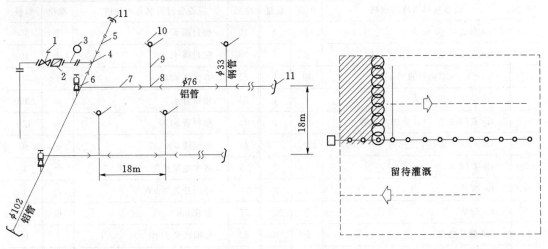

图 6-7　移动管道式喷灌系统设备配套示意图

1—阀门；2—水表；3—压力表；4—三通；5—干管；6—给水栓；

7—支管；8—三通，方便体；9—竖管；10—喷头；11—堵头

图 6-8　半固定管道式喷灌系统

2. 喷头的选择及组合间距的确定

喷头的选择和组合与全移动管道式完全相同，系统结构连接形式与移动管道式的布置和作业方式相同，如图 6-8。

第六节　喷灌工程设计实例

本节以露地大田固定式喷灌示范小区规划设计为例进行喷灌工程设计实例讲解。

示范区面积为 300 亩。鉴于固定式喷灌系统具有操作方便、易于管理和保养、生产效率高、运行费用低、工程占地少等显著优点，初步设计喷灌管网为固定式，干管和支管均埋入地下。

一、喷头的选型与组合布置

1. 初选喷头

初步设计喷灌干、支管选用 PVC 塑料管。喷头采用等间距布置，即支管间距等于喷头间距的正方形布置。支管间距（S_m）、喷头间距（S_L）均选定为 18.0m。区内耕层土壤为壤土类，取允许喷灌强度 $P_允=12$mm/h，则所选喷头的喷水量 q_s 应为：

$$q_s = \frac{S_m \times S_L \times P_允}{1000} = \frac{18 \times 18 \times 12}{1000} = 3.88(\text{m}^3/\text{h})$$

考虑小麦密植，选用雾化程度较好的中压低强度喷头。固定式喷灌系统采用全圆喷洒喷头，为满足边界和角地需扇形喷洒的需要，应设置一定比例的带有扇形喷洒喷头。按现有喷头规格性能，初步选择 PY1-20Sh 型全圆摇臂式喷头，其性能参数见表 6-7。

表 6 - 7　　　　　　　　　　**PY1 - 20Sh 型摇臂式喷头性能参数和工作参数**

型号	接口外径/mm	喷嘴直径/mm	工作压力/kPa	喷水量/(m³/h)	射程/m	雾化指数
PY1 - 20Sh	20	7×4	300	3.92	18.5	4286

2. 校核喷洒强度

据《喷灌工程技术规范》（GBJ 85—85），当设计风速 $V = 1.6 \sim 3.4 \text{m/s}$，在风向多变的情况下，喷头组合间距为 $1.0R = 1.0 \times 18.5 = 18.5 \text{(m)}$。现取喷头间距（$S_L$）和支管间距（$S_m$）均为 18m，这时的组合喷灌强度 $p_{喷}$ 为：

$$p_{喷} = C_p K_w \frac{1000 q_s}{\pi R^2}$$

式中　C_p——布置系数，按单支管多喷头同时全圆喷洒，由表 6-4 算得 $C_p = 1.7$；

　　　K_w——风系数，查表 6-4 得 $K_w = 1.45$。

则　　　　$P_{喷} = 1.7 \times 1.45 \times \dfrac{1000 \times 3.92}{3.14 \times 18.5^2} = 8.99 \text{(mm/h)} < P_{允} = 12 \text{(mm/h)}$。

综上计算，所选喷头满足喷灌强度的要求。

二、喷灌区管网系统布置

该固定式喷灌示范小区为长方形，长 500m，宽 400m。区内布置 4 根分干管，每条分干管上布置 22 个支管，都通过一根总干管输水。支管间距、喷头间距均为 18m，支管长度有两种，一种支管控制地块长度约为 120m，可布置 7 个喷头，另一种支管控制地块长度约为 140m，可布置 8 个喷头，其中，边界和角地区需可控角喷头，中间部分用全圆喷头。喷灌管网布置如图 6-9 所示。

三、喷灌设计参数的确定

1. 设计灌水定额

根据有关资料，取喷灌计划湿润层深度 $H = 0.4 \text{m}$，土壤容重 $\gamma = 1.33 \text{g/cm}^3$，取田间持水量 $\beta_1 = 24\%$（占干土重的百分数），适宜土壤含水率下限取田间持水量的 70%，即 $\beta_2 = 0.168$，喷灌水的综合利用系数 $\eta = 0.9$。

设计灌水定额 m 为：

$$m = 1000 \gamma h (\beta_1 - \beta_2) / \eta = 1000 \times 1.33 \times 0.40 \times (0.24 - 0.168) \times 1/0.9$$
$$= 42.5 \text{(mm)} = 28.3 \text{(m}^3\text{/亩)}$$

2. 灌水周期

取平均最大日消耗水量 $E = 6.5 \text{mm/d}$，则灌水周期 T 为：

$$T = \frac{m}{E} \eta = \frac{42.5}{6.5} \times 0.9 = 5.8 \approx 6 \text{(d)}$$

3. 拟定灌溉工作制度

为了能够减少分干管流量，减少工程投资，拟定每次灌水同时开启 4 条分干管，轮流开启支管的灌溉工作制度。取每天灌水延续时间为 10~12h。

（1）喷头在一个位置喷洒工作时间：

$$t_{作} = \frac{m}{P_{喷}} = \frac{42.5}{8.99} = 4.7 \text{(h)}$$

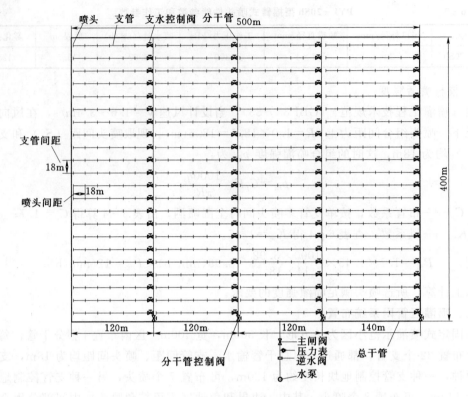

图 6-9 喷灌管网布置图

（2）喷头每日轮换作业次数 n：

$$n=\frac{t_日}{t_作}=\frac{10\sim12}{4.7}=2.1\sim2.5$$

（3）需同时工作的喷头数 N_p：

$$喷灌区喷头总数\ N=22\times(7\times3+8)=638（个）$$

$$N_p=\frac{N}{nT}=\frac{638}{2.1\times6}=53（个）$$

因此，每次灌水同时开启 4 条分干管，每条分干管同时开启支管数为 $53\div29=1.8$，取 2 条。

实际灌溉工作制度，每次灌水同时开启 4 条分干管，每条分干管同时开启 2 条支管，同时喷洒的喷头数为 58 个，喷头在一个位置喷洒工作时间取 4.5h，一次喷灌的实际灌水量 $40mm=26.7m^3/$亩。每天轮灌 2 次，一天工作 9h，一个分干管有 22 支管，一天就有 4 条支管工作，则灌水周期为 $22/4=5.5(d)$。若每天轮灌 3 次，一天工作 13.5h，灌水周期为 $22/6=3.6(d)$。

四、管网水力计算

1. 初选管径

管网最不利的运行状态为：位于分干管尾部相邻的两根支管同时工作。现取支管控制地块长度为 140m 的地块进行水力计算如下：

分干、支管流量分别为：

$$Q_支=8q_s=8\times3.92=31.36(\text{m}^3/\text{h})$$

$$Q_{分支干}=2Q_支=2\times31.36=62.72(\text{m}^3/\text{h})$$

（1）支管管径的计算。GBJ85—85规定，同一支管的任意两个喷头间的工作压力差应在设计喷头工作压力的20%以内。由图看出，支管上最大水头差在首末两个喷头之间。按支管能量损失应满足$h_w=h_f+h_j\leqslant0.2H_p$的条件，若暂时按支管局部水头损失$h_{j支}=10\%h_f$估算，则$h_f=0.182H_p=0.182\times30\text{m}=5.5\text{m}$。

通过沿程水头损失计算式$h_f=FfL\dfrac{Q^m}{d^b}$经变换后，可得到支管管径计算表达为：

$$d_支=\sqrt[b]{\frac{fQ^m}{0.182H_p}LF}$$

式中　$d_支$——支管管径，mm；

f——摩阻系数，$f=0.948\times105$；

m——流量指数，塑料管$m=1.77$；

b——管径指数，塑料管$b=4.77$；

H_p——喷头工作水头，m，$H_p=30\text{m}$；

Q——支管流量，m^3/h，取$Q_支=31.36\text{m}^3/\text{h}$；

L——支管长度，$L=130\text{m}$；

F——多口系数，按式（6-11）计算。

$$F=\frac{8\left(\dfrac{1}{1.77+1}+\dfrac{1}{2}+\dfrac{\sqrt{1.77-1}}{6\times8^2}\right)-1+0.5}{8-1+0.5}=0.387$$

计算支管管径，得

$$d_支=\sqrt[4.77]{\frac{0.948\times10^5\times31.36^{1.77}}{0.182\times30}\times0.387\times130}=63(\text{mm})$$

查喷灌用PVC管规格表，支管选用$\phi75\times3.6/1.00$硬聚氯乙烯管。

（2）确定输配水管管径。由经验公式计算：

$$d_{分干}=13\sqrt{Q}=13\sqrt{62.72}=103(\text{mm})$$

查喷灌用塑料管产品规格，选用$\phi110\times5.3/1.00$硬聚氯乙烯管为喷灌分干管。

（3）确定总干管管径。140m段：选用$\phi110\times5.3/1.00$硬聚氯乙烯管或选用与总干管相同的管径。

总干管流量　　$Q_干=2Q_{分干}=2\times62.72=125(\text{m}^3/\text{h})$

$$D_干=11.5\sqrt{Q}=11.5\sqrt{125}=12(\text{mm})$$

查喷灌用塑料管产品规格，选用$\phi160\times7.7/1.00$硬聚氯乙烯管作为喷灌干管。

考虑降低总水头损失，干管统一选用$\phi160\times7.7/1\text{m}$硬聚氯乙烯管。

2. 管网水头损失计算

（1）支管沿程水头损失的计算：

$$h_{f分支}=0.948\times10^5FL\frac{Q^m}{d^b}=0.948\times10^5\times0.387\times130\times\frac{31.36^{1.77}}{67.8^{4.77}}=4(\text{m})$$

（2）分干管沿程水头损失的计算：

$$H_{f\text{分支}}=0.948\times105\times370\times\frac{62.72^{1.77}}{99.4^{4.77}}=15.8\,(\text{m})$$

（3）总干管沿程水头损失的计算：

140 段：$H_f=0.948\times105\times140\times\dfrac{62.72^{1.77}}{144.6^{4.77}}=0.91\,(\text{m})$

120/2 段：$H_f=0.948\times105\times60\times\dfrac{(2\times62.72)^{1.77}}{67.8^{4.77}}=1.33\,(\text{m})$

$$H_{f\text{干}}=0.91+1.33=2.24\,(\text{m})$$

管网总水头损失： $$H=H_j+H_j=1.1H_j$$

$$H_{\text{管}}=1.1(H_{f\text{支}}+H_{f\text{分}}+H_{f\text{干}})=22.04\,(\text{m})$$

五、机泵选型

喷灌系统的最大流量为：

$$Q_{\text{总}}=58\times q_s=58\times3.92=227\,(\text{m}^3/\text{h})$$

系统扬程为：

$$H=Z_d-Z_s+h_s+h_p+H_{\text{管}}$$

式中　H——喷灌系统设计水头，m；

　　　Z_d——典型喷点的地面高程，m；

　　　Z_s——水源水面高程，m；

　　　h_s——典型喷点的竖管高度，m；

　　　h_p——典型喷点的喷头工作压力水头，m。

取 $Z_d-Z_s=1.0$，$h_s=1.0\text{m}$，喷头工作压力降低为 $0.9h_p$，则：

$$H=1.0+1.0+30\times0.9+22=51\,(\text{m})$$

查水泵性能手册，选 2 台 IS100-65-200 离心泵，该泵的性能参数见表 6-8。

表 6-8　　　　　　　　　　　IS100-65-200 离心泵性能参数表

水泵型号	流量/(m³/h)	总扬程/m	转速/(r/min)	效率/%	配套功率/kW	允许吸程/m
IS100-65-200	100	50	2900	76	18.5	4286

六、喷灌管网结构设计

因塑料管的线胀系数很大，为使管线在温度变化时可自由伸缩，据 GB 85—85 及有关研究成果，初步拟定干、支管上每 30m 设置一个伸缩接头。

各支管及喷点需砌筑镇墩，以防管线充水时发生位移。镇墩的尺寸：支管为 0.5m×0.5m×0.5m，喷点为 0.3m×0.3m×0.3m。

为监测管网工作状况，应在管网首部安装压力表。为防止停机后管网水流回灌，引起水泵倒转，应在水泵出口处安装逆止阀。为控制各支管的运行，支管首部应设控制闸阀，各闸阀处均应砌筑阀门井保护。为防止支管控制阀启闭过快，使管道内产生水锤引起爆管，经计算，支管阀门的启闭时间应在 10s 以上，即能防止水锤的产生。

第七章 微 灌 技 术

第一节 微 灌 系 统 基 本 知 识

微灌是一种现代灌水技术，包括滴灌、微喷、小管出流灌、涌流灌和渗灌等，其共同特点是运行压力低、出流量小、灌水次数频繁，能精确控制灌水量，通过湿润作物根区土壤达到灌溉的目的。

微灌是借助于一套微灌设备，包括首部枢纽，有压管道系统和灌水器，将水直接施灌于作物的根区如图7-1所示。由于微灌只局部湿润，不破坏土壤结构，土壤的水、热、气、养分状况良好，结合微灌施肥进一步协调了作物的水肥供应，促进作物稳定、高产、优质。

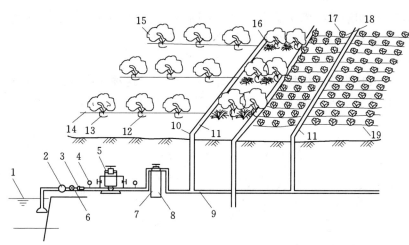

图7-1 微灌系统组成示意图

1—水源；2—水泵；3—流量计；4—压力表；5—化肥灌；6—阀门；7—冲洗阀；
8—过滤器；9—干管；10—流量调节器；11—支管；12—滴头；13—分水毛管；
14—毛管；15—果树；16—微喷头；17—条播作物；18—水阻管；19—滴灌管

一、微灌的类型

按灌水器出流方式不同，可以将微灌分为三种类型。

1. 滴灌

滴灌是通过安装在毛管上的滴头、孔口或滴灌带等灌水器将水一滴一滴地，均匀而又缓慢地滴入作物根区。常用于果树、蔬菜等经济作物，如图7-2所示。

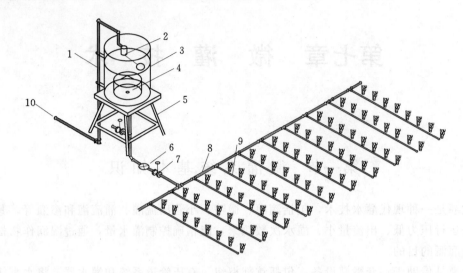

图7-2 滴灌系统示意图

1—供水管；2—浮球阀；3—容器；4—开阀式过滤器；5—支撑平台；
6—水表；7—闸阀；8—支管；9—灌水毛管；10—水源

蔬菜滴灌，引用滴灌技术于温室，塑料大棚中，为绿色工厂"生长"作物供水——薄壁双上孔管带微灌系统。微灌系统对压力增加适应能力较差。

2. 微喷灌

灌溉水通过微喷头喷洒作物和地，如图7-3所示。这种灌水方式简称微喷。微喷不仅可以补充土壤水分，又可提高空气湿度，调节田间小气候，多见于设施农业、花卉灌溉。

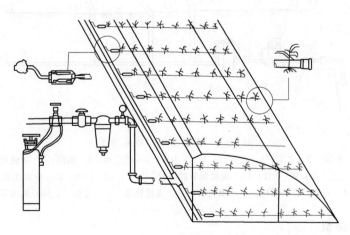

图7-3 微喷灌溉系统示意图

3. 管出流灌

小管出流灌溉是利用管网把压力水输送分配到田间，由内径ϕ4的PE小管与ϕ4的接头直接插入毛管壁作为灌水器，压力水呈射流状进入绕树的环状沟（或平行树行直沟）内，达到灌溉的目的，如图7-4所示。这种灌溉方法只湿润作物部分根区属局部灌溉方法，小管出流的流量小于200L/h。小管出流灌可以避免灌水器堵塞，适合于果园和林地灌溉。

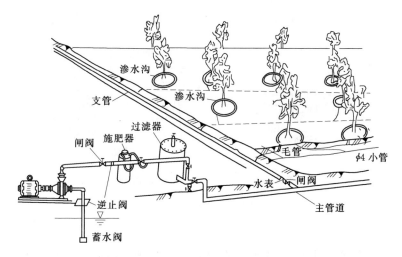

图7-4 小管出流系统示意图

二、微灌系统的组成

微灌系统由水源首部枢纽、输配水管网和灌水器组成。

（1）水源需符合水质要求，不引起微灌系统堵塞的河水、湖水、渠水、井水均可作为微灌水源。常需修建蓄水池，沉沙池等水源工程。

（2）首部枢纽，通常由水泵及动力机、控制阀门、水源净化装置、施肥装置、测量及保护设备等组成。

（3）输配水管网，一般干、支管埋入地下，毛管地埋或敷设地表。

（4）灌水器，灌水器安装在毛管上。

（一）微灌用灌水器的类型

1. 滴头

通过流道或孔口将毛管中的压力水流变成滴状或细流状的装置称为滴头。滴头常用塑料压注而成，工作压力约为100kPa，流道最小孔径在0.3～1.0mm之间，流量在0.6～1.2L/h范围内。基本形式有微管式、管式、涡流式和孔口式，前三种是通过立面或平面呈螺旋状的长流道来消能，如图7-5所示。为了减少滴头堵塞，部分滴头还可做成具有自清洗功能的压力补偿式滴头，其工作原理是：利用水流压力压迫滴头内的弹性体（片）使流道（或孔口）形状或过水断面面积发生变化，从而使出流自动保持稳定。图7-6为压力补偿滴头流道结构。另外，还有带脉冲装置、间隔一定时间呈喷射状出水的脉冲式滴头。

2. 滴灌管（带）

滴头与毛管制造成一整体，兼具配水和滴水功能的管称为滴灌管（带）。滴灌管（带）有压力补偿式和非压力补偿式两种。按滴灌管（带）的结构可分为两种：内镶式滴灌带和

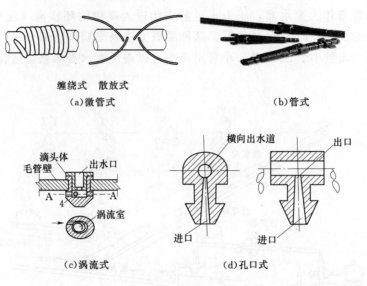

缠绕式　散放式

（a）微管式　　　　　　　　　　（b）管式

（c）涡流式　　　　　　　　　　（d）孔口式

图 7-5　滴头类型

薄壁滴灌带。

（1）内镶式滴灌管（带）。在毛管制造过程中，将预先制造好的滴头镶嵌在毛管内的滴灌管（带）称为内镶式滴灌管（带）。内镶滴头有两种，一种是片式，如图 7-7（a）所示，另一种是管式，如图 7-7（b）所示。

（2）薄壁滴灌带。目前国内使用的薄壁滴灌带有两种。一种是在 0.2～1.0mm 厚的薄壁软管上按一定间距打孔，灌溉水由孔口喷出湿润土壤；另一种是在薄壁管的一侧热合出各种形状的流道，灌溉水通过流道以滴流的形式湿润土壤，如图 7-8 所示。

3．微喷头

微喷头是将压力水流以细小水滴喷洒在土壤表面的灌水器。单个微喷头的喷水量一般不超过 250L/h，射程一般小于 7m。

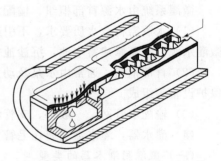

图 7-6　压力补偿滴头流道结构

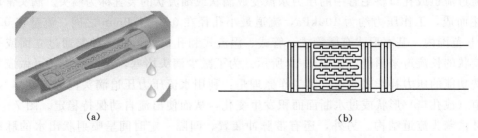

（a）　　　　　　　　　　　　　　　（b）

图 7-7　内镶式滴灌管（带）

微喷头也即微型喷头，作用与喷灌的喷头基本相同。只是微喷头一般工作压力较低，湿润范围较小，对单喷头射程范围的水量分布要求不如喷灌高。其外形尺寸大致

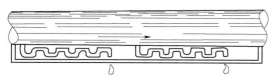

图 7-8　薄壁滴灌带

在 0.5～10cm 之间，喷嘴直径小于 2.5mm，单喷头流量不大于 300L/h，工作压力小于 300kPa。

微喷头种类繁多，多数用塑料压注而成，有的也有部分金属部件。按喷射水流湿润范围的形状有全圆和扇形之分，按结构形式和工作原理可分为射流旋转式、折射式、离心式和缝隙式等几种。

（1）射流旋转式微喷头。水流从喷水嘴喷出后，集中成一束向上喷射到一个可以旋转的单向折射臂上，折射臂上的流道形状不仅可以使水流按一定喷射仰角喷出，而且还可以使喷射出的水舌反作用力对旋转轴形成一个力矩，从而使喷射出来的水舌随着折射臂作快速旋转。故它又称为旋转式微喷头，一般由旋转折射臂、支架、喷嘴构成，如图 7-9。其特点是有效湿润半径较大，喷水强度较低，水滴细小，但旋转部件易磨损，使用寿命较短。

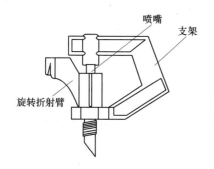

图 7-9　射流旋转式微喷头

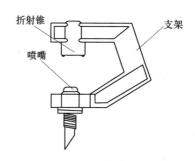

图 7-10　折射式微喷头

（2）折射式（雾化）微喷头。水流由喷嘴垂直向上喷出，遇到折射锥即被击散成薄水膜沿四周射出，在空气阻力作用下形成细微水滴散落在四周地面上。折射式微喷头又称为雾化微喷头，其主要部件有喷嘴、折射锥和支架，如图 7-10 所示。其优点是结构简单，没有运动部件，工作可靠，价格便宜。其缺点是由于水滴太微细，在空气干燥、温度高、风力大的地区，蒸发漂移损失大。

（3）离心式微喷头。结构外形如图 7-11 所示。它的主体是一个离心室，水流从切线方向进入离心室，绕垂直轴旋转，通过处于离心式中心的喷嘴射出的水膜同时具有离心速度和圆周速度，在空气阻力的作用下水膜被粉碎成水滴散落在微喷头四周。这种微喷头的特点是工作压力低，雾化程度高，一般形成全圆的湿润面积，由于在离心室内能消散大量能量，所以在同样流量的条件下，孔口较大，从而大大减少了堵塞的可能性。

（4）缝隙式微喷头。如图 7-12 所示，水流经过缝隙喷出，在空气阻力作用下，裂散成水滴的微喷头，一般由两部分组成，下部是底座，上部是带有缝隙的盖。

4. 渗灌管

废橡胶与塑料混合制成的渗水的多孔管，埋入地下直接对作物根区土壤进行湿润。如图 7-13 所示。

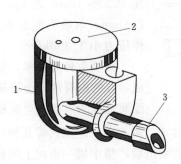

图 7-11 离心式微喷头

1—离心室；2—喷嘴；3—接头

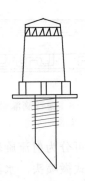

图 7-12 缝隙式微喷头

图 7-13 渗灌管

灌水器性能参数如下。

灌水器的主要性能参数包括：工作压力、流量、流道最小孔径、水力补偿性能、消能结构特征、构造特征、喷嘴直径、喷水强度、射程（旋转、折射）、湿润面积、流态指数等。这些性能参数由生产商提供。

（二）微灌管道的种类

微灌工程应采用塑料管。塑料管具有抗腐蚀、柔韧性较好、能适应较小的局部沉陷、内壁光滑、输水摩阻小、比重小、重量轻和运输安装方便等优点，是理想的微灌用管。塑料管的主要缺点是受阳光照射易老化，但埋入地下时，塑料管的老化问题将会得到较大程度的缓解，使用寿命可达 20 年以上。对于大型微灌工程的骨干输水管道（如上、下山干管，输水总干管等），当塑料管不能满足设计要求时，也可采用其他材质的管道，但要防止因锈蚀而堵塞灌水器。

微灌系统常用的塑料管主要有两种：聚乙烯管（PE）和聚氯乙烯管（PVC）。直径在63mm 以下时，一般采用 PE 管。直径在 63mm 以上时，一般采用 PVC 管。

（三）微灌管道连接件的种类

连接件是连接管道的部件，亦称管件。管道种类及连接方式不同，连接件也不同。鉴于微灌工程中大多用 PE 管，因此这里仅介绍 PE 连接件。目前，国内微灌用 PZ 塑料管的连接方式和连接件有两大类：一是以北京绿源公司为代表的外接管件（φ20mm 以下的管也采用内接式管件）；二是以山东莱芜塑料制品总厂为代表的内接式管件。两者的规格尺寸相异，用户在选用时，一定要了解所连接管道的规格尺寸，选用与其相匹配的管件。

1. 接头（直通）

接头的作用是连接管道。根据两个被连接管道的管径大小，分为同径和异径连接接头。根据连接方式可分为螺纹式接头、内插式接头和外接式接头三种。

2. 三通

三通是用于管道分叉时的连接件。与接头一样，三通有同径和异径两种，每种型号又有内插式和螺纹式两种。

3. 弯头

在管道转弯和地形坡度变化较大之处就需要使用弯头连接。其结构也有内插式和螺纹式两种。

4. 堵头

堵头是用来封闭管道末端的管件，有内插式、螺纹式。

5. 旁通

用于支管与毛管间的连接件。

6. 插杆

用于支撑微喷头，使微喷头置于规定高度，有不同的形式和高度。

7. 密封紧固件

用于内接式管件与管连接时的紧固件。

第二节 微灌系统主要设备

一、水泵与动力设备

微灌用水泵与动力设备与喷灌所用的没有什么区别，可参看《水泵与泵站》有关内容。

二、过滤设备

微灌要求灌溉水中不含有造成灌水器堵塞的污物和杂质，而任何水源（包括水质良好的井水）都不同程度地含有污物和杂质。这些污物和杂质可区分为物理、化学和生物类，诸如尘土、砂粒、微生物及生物体的残渣等有机物质，碳酸钙易产生沉淀的化学物质，以及菌类、藻类等水生动植物。在进行微灌工程规划设计前，一定要对水源水质进行化验分析，并根据选用的灌水器类型和抗堵塞性能，选定水质净化设备。

微灌系统的初级水质净化设备有拦污栅、沉淀池和离心式泥沙分离器（又称离心过滤器）等。常用的微灌用过滤器还有砂石过滤器和筛网过滤器。

1. 旋流水沙分离器

旋流式水沙分离器（图7-14），它是利用密度差，根据重力和离心力的作用原理来分离比重大于水的悬浮固体颗粒。切向进入旋流式水沙分离器的压力水流高速旋转，产生强大的离心加速度，从而使密度不同的物质迅速分离。密度较大的固体颗粒沿器壁旋转下沉至底部集污室，而密度较小的水则被推向中心低压部位，并在回压作用下逆向流至顶部出口，进入供水管道。

进入旋流式水沙分离器的两相流体首先沿器壁螺旋向下运动，形成外旋流。但因旋流式水沙分离器下部是倒锥体，其断面面积向下逐渐缩小，流速越来越大，致使沉沙口无法将外旋流全部排除。于是部分流体逐渐脱离外旋流向内迁移，且越接近沉沙口内迁的量越

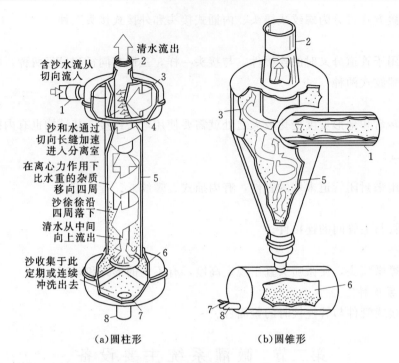

含沙水流从切向流入

清水流出

沙和水通过切向长缝加速进入分离室

在离心力作用下比水重的杂质移向四周

沙徐徐沿四周落下

清水从中间向上流出

沙收集于此定期或连续冲洗出去

(a)圆柱形　　　　　(b)圆锥形

图 7-14　旋流式水沙分离器

1—进水管；2—出水管；3—旋流室；4—切向加速孔；
5—分离室；6—储污室；7—排污口；8—排污管

大。这部分呈螺线涡形式内迁的流体，只能掉转方向向上运动，形成内旋流从上部溢流口排除出。对于含有悬浮固体颗粒的灌溉水而言，较大的固体颗粒受到的离心力大，将通过外旋流从底部排出；较小的固体颗粒和水将形成内旋从顶部溢流口排出。

旋流式水沙分离器只有当被分离颗粒的比重大于水的比重时才有效，最适宜去除水中的泥砂，一般作为过滤系统的第一级处理设备。

因为离心力 $F_{离}$ 的大小是与水流旋转角速度 ω_r 有关的。

$$F_{离}=mr\omega_r^2 \tag{7-1}$$

式中　$F_{离}$——旋转产生的离心力，N；

　　　m——颗粒的质量，kg；

　　　r——旋转半径，m；

　　　ω_r——旋转角速度，rad/s。

当旋转半径 r 为一定值时，根据式（7-1）可知，增加旋转角速度 ω_r 就可以将粒径更小的颗粒分离出来，所以可以根据水源中固体颗粒的粒径大小来调整进入分离器的水流的旋转速度，以达到预期的分离效果。

旋流式水沙分离器的主要优点是，运行的同时就可以排污，因此能连续处理高含砂量的灌溉水，且分离的粒径可以根据设定的流速来确定。但旋流式水沙分离器进出水口之间的水头损失比较大，在水泵启动和停机时过滤效果下降，且分离能力与水中的含砂量大小有关。

2. 砂过滤器

砂过滤器（图 7-15，图 7-16）是由装在密封罐中、选定尺寸的砂和细砾石组成三维砂床过滤，既可以处理无机物，也可以处理有机物，去污能力很强，是含有有机物和粉粒泥沙灌溉水的最适宜的过滤器类型。

灌溉水由进水口进入过滤罐，并逐渐渗过各砂砾层，水中的污物被各砂砾层截获并滞留在各砂砾的空隙之间，由此完成过滤。因为砂过滤器不仅能把轻质污物拦截在滤层表面，而且较重的颗粒可以沉入砂层数英寸，加大了对悬浮固体的滞留能力，所以砂过滤器效果较好。

砂过滤器适用于水库、明渠、池塘、河流、排水渠及其他含污水源，根据水量输出和过滤要求，砂过滤器可单独或组合使用。

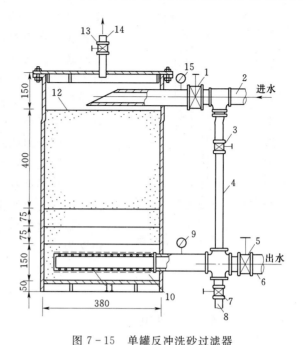

图 7-15　单罐反冲洗砂过滤器

1—进水阀；2—进水管；3—冲洗阀；4—冲洗管；5—输水阀；
6—输水管；7—排水阀；8—排水管；9—压力表；10—集水管；
11—150 目网；12—过滤砂；13—排污阀；14—排污管；
15—压力表

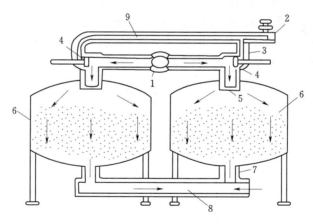

图 7-16　双罐反冲洗砂过滤器

1—进水管；2—排污管；3—反冲洗管；4—三向阀；5—过滤罐进口；
6—过滤罐体；7—过滤罐出口；8—集水管；9—反冲洗管

3. 筛网过滤器

筛网过滤器（图 7-17）是一种简单而有效的过滤设备。它的过滤介质是尼龙筛网或不锈钢筛网。这种过滤器的造价较为便宜，在国内外微灌系统中使用最为广泛。灌溉水流入过滤器时，污物被内外过滤单元阻隔，清洁水则在内腔汇合进入下级管道。过滤时所有

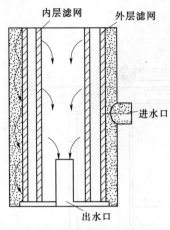

内层滤网　外层滤网

进水口

出水口

图 7-17　筛网过滤器过滤

大于网孔尺寸的悬浮颗粒都会滞留在滤网上，随着污物的累积，水流过滤网的阻力增加，水头损失相应增大，这时就应对滤网进行手动或自动冲洗，清除污物。筛网过滤器的种类繁多，如果按安装方式分类，有立式与卧式两种；按制造材料分类，有塑料和金属两种；按清洗方式分类又有人工清洗和自动清洗两种类型；按封闭与否分类则有封闭式和开敞式（又称自流式）两种。

筛网过滤器是目前滴灌系统中应用最多的一种过滤设备。在灌溉水质良好时用于主级过滤，当灌溉水质不良时则作为末级保护过滤。

筛网过滤器滤网的孔径大小以网目数表示，网目数定义为：

$$M = \frac{1}{D + \alpha} \tag{7-2}$$

式中　M——网目数，目/in；

D——网丝直径，in；

α——网孔单孔直径，in。

滤网的去污效果主要取决于所用滤网的目数，而网目数的多少要根据所用灌水器的类型及流道的断面大小而定。由于灌水器的堵塞与否除其本身的原因之外，主要与灌溉水中的污物颗粒形状及粒径大小有直接关系。为防止灌溉水中某些污物产生絮凝形成大的粘团造成堵塞，灌水器孔口或流道断面要比允许的污物颗粒大很多倍，才有利于防止灌水器的堵塞。根据实际经验，一般要求所选用的过滤器滤网孔径大小是所用灌水器流道或孔口尺寸的 1/7～1/10。相应于不同去污能力的滤网规格选择见表 7-1。

表 7-1　　　　　　　　　　　　　滤 网 规 格 选 择 表

滤 网 规 格		孔口尺寸	沙粒类别	粒 径
目/in	目/cm²	/mm		/mm
20	8	0.711	粗砂	0.50～0.75
40	16	0.420	中砂	0.25～0.40
80	32	0.180	细砂	0.15～0.20
100	40	0.152	细砂	0.15～0.20
120	48	0.125	细砂	0.10～0.15
150	60	0.105	极细砂	0.10～0.15
200	80	0.074	极细砂	<0.10
250	100	0.053	极细砂	<0.10
300	120	0.044	粉砂	<0.10

筛网过滤器主要用于去除灌溉水中的粉粒、砂和水垢等污物。尽管也用于含少量有机物的灌溉水,但当有机物含量稍高时过滤效果很差。尤其当压力较大时,大量的有机污物会"挤"过滤网而进入管道,造成系统或灌水器的堵塞。

4. 叠片式过滤器

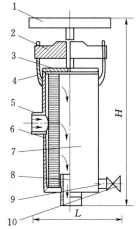

图 7-18 叠片过滤器
1—合柄;2—横梁;3—压盖;4—密封垫;5—进水口;6—叠片;
7—壳体;8—出水口;
9—排污口;10—阀门

叠片式过滤器(图 7-18)是由一组表面压有很多细小纹路的环状塑料片叠装而成,这些纹路相互咬合形成过流的孔隙。水流经叠片时利用表面凹槽和叠片缝隙来聚集和截取杂物。塑料片凹槽的复合内截面提供了类似于在介质过滤器中产生的三维过滤,因此过滤效果较好。

过滤器运行的时候,叠片被压在一起以控制过水孔口的大小,根据水源的水质情况,可以通过改变作用于叠片上的压力来调节塑料片之间的缝隙,从而达到需要的过滤效果;冲洗的时候,改变水流方向,压力下降,叠片被分开变得松散,可以很方便地清除污物。叠片式过滤器的特点是过流能力大,结构简单,维护方便,且小巧、可任意组装,运行可靠。

5. 过滤设备的选择

各种过滤器都有其特定的使用条件,为了选择一定条件下最适宜的过滤系统,首先必须确定水源的水质,然后根据灌水器的类型确定对过滤器的要求。灌溉水中所含污物的性质、含量高低、固体颗粒的粒径、灌水器流道尺寸等都是影响过滤器选择的因素。

表 7-2 给出了不同条件下水的物理处理方法的选择模式。选择的依据是各种方法对污物去除的有效性,对具有相同过滤效果的情况,则考虑价格的高低,一般说来,砂介质过滤器最贵,筛网过滤器相对比较便宜。

表 7-2 水质的物理处理方法选择表

选 择 条 件		处 理 方 法
流量/(m³/h)	<20	筛网过滤器、砂过滤器
	20~120	任意一种过滤器
	>120	任意一种过滤器
无机污物	粒径/μm >550	沉淀+筛网、叠片或砂过滤器
	74~550	任意过滤器
	<74	砂过滤器
	含量/(mg/L) <10	任意一种过滤器
	10~100	旋流式水沙分离器和砂过滤器
	>100	沉淀+筛网或砂过滤器
有机污物	含量/(mg/L) <10	砂过滤器
	>10	原水经初级处理,再选用砂过滤器或叠片式过滤器过滤

一般情况下在首部安装两级过滤器。第一级过滤器去除大部分大颗粒杂质以减轻第二级过滤器的负担，以免第二级过滤器冲洗过于频繁，只有在水源水质很差时，也可考虑设三级过滤器，以保证进入管道系统的水质。不少系统还在支管或轮灌片前面安装保护性过滤器，以防万一首部过滤器因事故失效，泥砂进入管道，造成系统堵塞。

　　系统首部过滤器的容量应该超过滴灌系统总容量的20％。为了便于冲洗而又不在冲洗时中断供水，最好有两个以上同样大小的过滤器并联运行。

　　应该注意的是，当水中有机、无机污物兼有，又随季节变化，加之各种因素之间的相互影响，选择过滤器要以最坏的水质条件为依据，以确保安全。

三、施肥、施药装置

　　微灌系统向压力管道中注入可溶性肥料或农药溶液的设备及装置称为施肥装置。常用的施肥（药）装置主要包括压差式施肥罐、自压式施肥罐、文丘里注入器以及注射泵等几种。

1. 压差式施肥罐

　　压差式施肥罐一般由储液罐、进水管、供肥液管、调压阀等组成。其工作原理是因压差式施肥罐是肥料罐（由金属制成，有保护涂层）与滴灌管道并联联接，使进水管口和出水管口之间产生压差，并利用这个压力差使部分灌溉水从进水管进入肥料罐，再从出水管将经过稀释的营养液注入灌溉水中。使用时必须要保证肥水不向主管网回流，可使首部枢纽安装在较高处或用一个单向阀（逆止阀或真空破坏阀）。储液罐为承压容器，承受与管道相同的压力。化肥罐应选用耐腐蚀、抗压能力强的塑料或金属材料制造。对封闭式化肥罐还要求具有良好的密封性能，罐内容积应根据微灌系统控制面积大小（或轮灌区面积大小）及单位面积施肥量和化肥溶液浓度等因素确定，如图7－19。

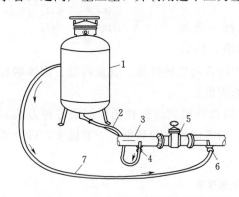

图7-19　压差式施肥罐

1—储液罐；2—进水管；3—输水管；4—单向阀；
5—调压阀门；6—供肥液管阀门；7—供肥液管

　　压差式施肥罐的优点是加工制造简单，造价较低，不需外加动力设备。缺点是溶液浓度变化大，无法控制。罐体容积有限，添加液剂次数频繁且较麻烦。输水管道因设有调压阀而造成一定的水头损失。储液罐中的液体不断被水稀释，输出液体浓度不断下降，从而造成其与水的混合比不易控制，虽可通过内置橡胶囊的方法将储液罐中原液与水隔离，保持储液罐输出液体浓度不变，但橡胶囊易损害，维护成本高。另外，即使使用了橡胶囊，由于各阀门开度与储液罐的流出量之间所存在的复杂关系，混合比的调节仍有一定的难度。

　　我国常用的压差式施肥罐主要有北京通捷公司生产的10L、30L、50L和100L的压差式施肥罐，具体参数见表7－3，山东莱芜塑料制品总厂生产的35L和8L施肥罐。

表 7 - 3 北京通捷公司施肥罐技术规格

型 号		容 积 /L	外型尺寸 /(mm×mm×mm)	配 套 设 备	
				控制阀	调节阀
SFG - 10		10	200×200×600	φ25	φ10
SFG - 30	A	30	380×410×750	φ25，φ50	φ10，φ20
	B	30	500×550×970	φ25，φ50	φ10，φ20
SCG - 50	A	50	430×460×850	φ50	φ20
	B	50	500×550×1060	φ50	φ20
SFG - 100		100	480×510×1260	φ80	φ25

2. 自压式施肥罐

自压式施肥罐应用于自压灌溉系统中，使用储液箱（池）可以很方便地对作物进行施肥施药。把储液箱（池）置于自压灌溉水源正常水位下部适当的位置上，再将储液箱供水管（及阀门）与水源相连接，将输液管及阀门与主管道连接，打开储液箱供水阀，水进入储液箱将肥料溶解。关闭供水管阀门，打开储液罐输液阀，储液箱中的肥料就自动地随水流输送到灌溉管道和灌水器中，对作物施肥施药。

3. 文丘里注入器

文丘里注入器与储液箱配套组成一套施肥装置，则利用文丘里管或射流器产生的局部负压，将肥料原液或pH值调节液吸入灌溉水管中，其构造简单，造价低廉，使用方便，主要适用于小型灌溉系统向管道中注入肥料或农药。如果文丘里注入器直接装在骨干管道上，水头损失较大，但可以将其与主管道并联安装，如图7-20。

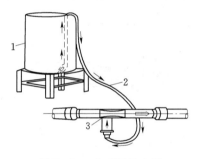

图 7 - 20 文丘里注入器
1—开敞式化肥罐；2—输液管；
3—文丘里注入器

表 7 - 4 提供了一些文丘里注肥器商业化型号的流量需要、注肥能力和压力下降。

表 7 - 4 文丘里注肥器商业化型号的流量需要、注肥能力

型号编号	效率 a/%	流量 b	注肥能力
1	26	0.5	6
2	25	2.1	10
3	18	3.4	17
4	18	3.4	17
5	16	6.4	25
6	16	12.0	60
7	18	17.0	75
8	18	34.0	180
9	18	34.0	180
10	18	101.0	500

型号编号	效率 $a/\%$	流量 b	注肥能力
11	18	101.0	500
12	50	2.1	35
13	32	12.0	140
14	35	36.0	350
15	67	29.0	1130
16	67	29.0	1130

注 效率：形成真空的最小压差；流量：50PSI 压力下通过注肥器的实际水流量。

4. 注射泵

注射泵同文丘里注入器相同是将开敞式肥料罐的肥料溶液注入滴灌系统中根据驱动水泵的动力来源可分为水驱动和机械驱动两种形式。该装置的优点是肥液浓度稳定不变，施肥质量好，效率高。对于要求实现灌溉液 EC、pH 值实时自动控制的施肥灌溉系统，压差式与吸入式都是不适宜的。而注入式，通过控制肥料原液或 pH 值调节液的流量与灌溉水的流量之比值，即可严格控制混合比。采用该方式时，可用具有防腐蚀功能的隔膜泵作为肥料原液或 pH 值调节液的注入泵。但其吸入量不但不易调节且调节范围有限，另外还存在工作稳定性较差、系统压力损失较大等缺点（如图 7-21）。

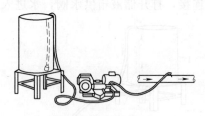

图 7-21 注射泵

5. 活塞式施肥器

活塞式施肥器是目前国际上较先进的一种，将进出水口串联在供水管路中，当水流通过施肥器时，驱动主活塞，与之相联的注入器跟随上下运动，从而吸入肥液并注入混合室，混合液直接进入出口端管路中。

这种施肥器的优点：注入比例由外部调整并很精确，有多种规格选用，混合液直接经出水口注出，内设滤网自行过滤，工作压力低，运转噪声小。缺点：压损大、价格高。

四、控制、量测与保护装置

与喷灌系统一样，为了控制微灌系统或确保系统正常运行，系统必须安装必要的控制、量测与保护装置，如阀门、流量和压力调节器、流量表或水表、压力表、安全阀、进排气阀等。

1. 进排气阀

进排气阀能够自动排气和进气，压力水来时又能自动关闭。在微灌系统中主要安装在管网中最高位置和局部局地。

2. 流量与压力调节装置

通过自动改变过水断面的大小来调节管道中的流量和压力，使之保持稳定。

3. 量测装置

用于检测微灌系统的运行状况，主要包括量测管道水压的压力表和计量管道过水总量的水表。

第三节　小管出流灌和渗灌技术

一、小管出流灌技术

1. 小管出流灌溉及其特点

小管出流灌溉是用塑料小管与插进毛管管壁的接头连接，把来自输配水竹网的有压水以细流（或射流）形式灌溉到作物根部的地表，再以积水入渗的形式渗到作物根区土壤的一种灌水形式。它具有以下特点：

（1）堵塞问题小，水质净化处理简单。过滤器只需要 60～80 目/in 即可，冲洗次数少，管理简单。

（2）省水效果好，比地面灌省水 60％以上。

（3）灌溉水为射流状出流，地面有水层，需要相应的田间配套工程使水流集中于作物主要根区部位。

（4）浇地效率高，劳动强度小，一个劳力 2h 可浇 15 亩地 450 棵树，每棵树浇 100kg 水。

（5）管理方便、运转费用低，由于管网全部埋于地下，小管也随之埋于地下，只露出 10～15cm 的出水口，做好越冬的保护，全部设备不会受自然力和人为的破坏，维修费少。加之小管出流灌溉的工作水头较低、耗电量少，运行费用低。

2. 小管出流灌溉系统的组成

小管出流灌溉系统由水源工程、首部枢纽、输配水管网和小管灌水器以及各种形式的田间工程组成。水源、首部和输配水管网与滴灌、施肥装置、量测设备和干、支、毛各级竹道。灌水器采用内径 d 为 3mm、4mm、6mm 的 PE 塑料管及管件组成，呈射流状出流，为使水流集中于作物主要根区部位，需要相应的田间配套工程，其形式有绕树环沟、存水数盘，顺流格沟和麦秸覆盖等形式。全部管网埋于地下（耕作层以下），小管也随之埋于地下只露出 10～15cm 的出水口，位置在树冠半径 2/3 之处。

3. 小管出流灌溉系统的布置

小管出流灌溉系统的水源工程、首部枢纽和系统管网的布置与滴灌相同，可参阅滴灌部分的有关内容。

小管出流灌溉的毛管和灌水器的布置应根据作物的行距和株距的大小而定。较窄行距作物毛管采用双向灌水的形式布置，较宽行距的毛管可采用单向灌水形式布置。株距窄的作物一根小管可灌两株或多株，株距宽的一根小管可灌一株。

4. 小管出流系统的工作压力和流量的要求

小管出流系统的工作压力，应能保证灌水小区的各小管都能正常出水。小区内一条支管所控制的灌水小管的最大工作水头与最小工作水头的差值，不超过小管设计工作水头的 20％。系统的供水量应能满足各灌水小区正常灌水的出流量。小区内小管的最大出流量与最小出流量的差值不超过其设计出流量的 10％。

5. 小管出流灌溉系统需用的器材及其选用

小管出流灌溉的小管有内径 d 为 3mm、4mm、6mm 的 PE 塑料管，其长度可由设计出流量，工作水头等确定，详见表7-5。

表7-5　　　　不同内径 D 小管的工作水头 H、流量 Q 和长度 L 的关系

工作水头 H /m	流量 Q /(L/h)	小管长度 L/m		
		$D=3$mm	$D=4$mm	$D=6$mm
2	100	0.36	1.34	6.05
	140	0.22	0.74	3.45
	180	0.15	0.51	2.23
4	100	0.73	2.47	12.10
	140	0.44	1.49	6.91
	180	0.30	1.01	4.45
6	100	1.09	3.71	18.12
	140	0.66	2.23	10.37
	180	0.45	1.52	6.68
8	100	1.46	4.95	24.20
	140	0.88	2.97	13.83
	180	0.60	2.03	8.91
10	100	1.82	6.18	30.25
	140	1.10	3.71	17.28
	180	0.75	2.54	11.13

小管出流灌溉系统其它器材的选用与滴灌相同，可参阅滴灌部分的有关内容。

利用安装在小管出流灌溉系统首部的施肥装置，可进行施肥或施农药。施肥装置可以是压差式施肥罐、开敞式肥料罐、自压施肥装置、文丘里注入器等。这些装置的使用方法可参考滴灌系统的说明。

二、渗灌技术

渗灌是继喷灌和滴灌之后的又一新型节水灌溉技术，在低压条件下，灌溉水通过渗管管壁上的微孔由内向外呈发汗状渗出，随即通过管壁周围土壤颗粒的吸水作用向土体扩散，给作物根层供水。其特点：

（1）节水、节能。由于渗灌管是埋入地下直接向作物根区供水，地表蒸发极少，且可避免深层渗漏，渗灌比喷灌节水40%，比地面灌溉节水50%~80%。渗灌系统需要压力低，节能效果明显，渗灌能耗相当于畦灌的20%~30%，喷灌的15%~40%。

（2）渗水灌溉的地块土壤团粒好，土壤不板结，并可严格按照作物生长发育规律控制灌水及配置空气和施用肥料。

（3）温室蔬菜采用渗灌，可提高地温，室内相对湿度大幅度降低，减少病虫害，从而提高蔬菜产量和品质。

第四节　微灌工程设计参数

一、设计耗水强度

微灌设计耗水强度采用设计年灌季节月平均耗水强度峰值，并由当地试验资料确定，

在无实测时可通过计算或按表 7-6 选取。

表 7-6 <div align="center">设 计 耗 水 强 度</div> 单位：mm/d

作 物	滴 灌	微 喷 灌
果树	3～5	4～6
葡萄、瓜类	3～6	4～7
蔬菜（保护地）	2～3	—
蔬菜（露地）	4～7	5～8
粮、棉、油等作物	4～6	5～8

注 干旱地区宜取上限值。

二、微灌的土壤湿润比

微灌的土壤湿润比，是指被湿润土体占计划湿润层总土体的百分比，通常以地面以下 20～30cm 处湿润面积占总灌溉面积的百分比来表示。其影响因素很多，诸如毛管和灌水器的布置、灌水器的型号、灌水量的大小及土壤类别等。

设计时将选定的灌水器进行布置，并计算土壤湿润比，要求其计算值稍大于设计土壤湿润比，若小于设计值就要更换灌水器或修改布置方案。

（一）常用灌水器典型布置土壤湿润比 P 的计算

1. 滴灌

（1）单行直线毛管布置：

$$P = \frac{0.785 D_w^2}{S_e S_L} \times 100\%$$

式中 　P——土壤湿润比，%；

D_w——土壤水分水平扩散直径或湿润带宽度（D_w 大小取决于土壤质地、滴头流量和灌水量大小），m；

S_e——滴水器或出水点间距，m；

S_L——毛管间距，m。

（2）双行直线毛管布置：

$$P = \frac{P_1 S_1 + P_2 S_2}{S_r} \times 100\%$$

式中 　S_1——毛管的窄间距，m；

P_1——与 S_1 相对的土壤湿润比，%；

S_2——毛管的宽间距，m；

P_2——与 S_2 相对应的土壤湿润比，%；

S_r——作物行距，m。

（3）绕树环状多出水点布置：

$$P = \frac{0.785 D_w^2}{S_t S_r} \times 100\%$$

或

$$P = \frac{n S_e S_w}{S_t S_r} \times 100\%$$

式中　n——株果树下布置的滴水器数，个；

　　S_t——果树株距，m；

　　S_r——果树行距，m；

　　S_e——滴水器或出水口间距，m；

　　S_w——湿润带宽度，m；

　　D_w——地表以下 30cm 深处的湿润带宽度，m。

2. 微喷灌

（1）微喷头沿毛管均匀布置时的土壤湿润比为：

$$P=\frac{A_w}{S_e S_L}\times100\%$$

$$A_w=\frac{\theta}{360}\pi R^2$$

式中　A_w——微喷头的有效湿润面积，m²；

　　θ——湿润范围平面分布夹角，当为全圆喷湿时，$\theta=360°$；

　　R——微喷头的有效喷洒半径，m；

其余符号意义同前。

（2）一株树下布置 n 个微喷头时的土壤湿润比计算公式为：

$$P=\frac{nA_w}{S_t S_r}\times100\%$$

式中　n——一株树下布置的微喷头数，个；

其余符号意义同前。

（二）设计土壤湿润比

规划设计时，要根据作物的需要、工程的重要性及当地自然条件等，选定设计土壤湿润比。因为设计土壤湿润比越大，工程保证程度就要求越高，投资及运行费用也越大。一般宽行作物及果树取 20%～30%，蔬菜和大田密植作物为 70%～90%，微喷灌可大于 60%。

表 7-7　　　　　　　　　　微灌设计土壤湿润比　　　　　　　　　　　　%

作　物	滴　灌	微喷灌
果树	25～40	40～60
葡萄、瓜类	30～50	40～70
蔬菜	60～90	70～100
粮、棉、油等作物	60～90	100

三、微灌的灌水均匀度

在田间，影响灌水均匀度的因素很多，如灌水器工作压力的变化，灌水器的制造偏差，堵塞情况，水温变化，微地形变化等。目前在设计微灌工程时能考虑的只有水力学（压力变化）和制造偏差两种因素对均匀度的影响。

微灌的灌水均匀度用均匀系数 C_u 表示，且微灌均匀系数不能低于 0.8。计算式：

$$C_u = 1 - \frac{\overline{\Delta q}}{\overline{q}}$$

$$\overline{\Delta q} = \frac{1}{n} \sum_{i=1}^{n} | q_i - \overline{q} |$$

式中　C_u——微灌均匀系数；

　　　$\overline{\Delta q}$——灌水器流量的平均偏差，L/h；

　　　q_i——各灌水器流量，L/h；

　　　$\overline{q}$——灌水器平均流量，L/h；

　　　n——所测的灌水器数目。

四、灌水器流量和工作水头偏差率

$$q = \frac{q_{max} - q_{min}}{q_d} \times 100\%$$

$$h_v = \frac{h_{max} - h_{min}}{h_d} \times 100\%$$

式中　q_{max}——灌水器最大流量，L/h；

　　　q_{min}——灌水器最小流量，L/h；

　　　q_d——灌水器设计流量，L/h；

　　　h_v——灌水器工作水头偏差率，％；

　　h_{max}——灌水器最大工作水头，m；

　　h_{min}——灌水器最小工作水头，m；

　　　h_d——灌水器设计工作水头，m。

灌水器工作水头偏差率与流量偏差率之间的关系可用下式表示：

$$H_e = \frac{q_v}{x}\left(1 + 0.15\frac{1-x}{x}q_v\right)$$

式中　q_v——灌水器流量偏差率，％。其值取决于均匀系数 C_u，二者关系为：$C_u = 98\%$、
　　　　95%、92% 时，$q_v = 10\%$、20%、30%，微灌灌水器的设计允许流量偏差率
　　　　应不大于 20%；

　　　x——灌水器流态指数。

灌水器的流态及流态指数，详见表 7-8。

表 7-8　　　　　　　　　　　**灌水器的流态指数及流态**

灌水器形式	流态指 x	流　态
压力补偿式	0.0	可变流道
涡流式	0.4	涡流
孔口式、迷宫式、双腔管	0.5	全紊流
长流道或螺旋流道式	0.6/0.7	光滑紊流
微孔式	0.8～0.9	光滑层流
毛细管、渗水毛管	1.0	全层流

五、灌水器设计工作水头

灌水器设计工作水头应取所选灌水器的额定工作水头。没有额定工作水头的灌水器，应由灌水器水头与流量关系曲线确定，但不宜低于2m。

六、过滤器设计进口与出口水头差

$$\Delta h = \Delta h_0 + \Delta h_{max}$$

式中　Δh——过滤器设计进口与出口水头差，m；

　　Δh_0——过滤器通过洁净水流时进口与出口间的水头差，m；

　　Δh_{max}——过滤器工作时允许进口与出口增加的水头差（此值不宜大于3.0m），m。

第五节　微灌系统的设计

一、收集资料

主要收集灌区地形、作物、土壤、水源、气象等基本资料。

二、首部枢纽位置的确定

首部枢纽是整个灌溉系统操作控制的中心，其位置的选择主要以投资省，便于管理为原则，一般首部枢纽与水源工程相结合。

三、布置管道，选择滴头

在地势平坦，尽量使毛管与作物的栽植方向一致，支管垂直于毛管。在山丘区，毛管一般平行于等高线或沿梯田布置，干、支管则沿山脊布置。尽量使一条支管控制两侧多行毛管。如果毛管长度大致相等，则支管间距为毛管长度的二倍，毛管长度通过水力计算确定。

对于成龄果树，应将滴头设在树干至树冠投影外缘的2/3处，滴头之间距离1m左右。对于幼龄果树，考虑树长大以后的根系分布范围，放在距树干稍远一些的地方。一年生作物，视土壤质地不同，一般滴头间距0.4～0.6m。

四、毛管和灌水器的布置

1. 滴灌时毛管和灌水器的布置

单行毛管直线布置：如图7-22（a）所示，毛管顺作物行布置，一行作物布置一条毛管，滴头安装在毛管上。这种布置方式适用于幼树和窄行密植作物（如蔬菜）。

单行毛管带环状管布置：如图7-22（b）所示，当滴灌成龄果树时，常常需要用一根分毛管绕树布置，其上安装4～6个单出水口滴头，环状管与输水毛管相连接。这种布置形式增加了毛管总长。

双行毛管平行布置。滴灌高大作物，可用双行毛管平行布置，如图7-22（c）所示，沿作物行两边各布置一条毛管，每株作物两边各安装2～3个滴头。

上述各种布置形式滴头的位置一般与树干的距离约为树冠半径的2/3。

2. 微喷灌时毛管和滴水器的布置

微喷头的结构和性能不同，毛管和微喷头的布置也不同。根据微喷头喷洒直径和作物种类，一条毛管可控制一行作物，也可控制若干行作物。图7-23是常见的几种布置形

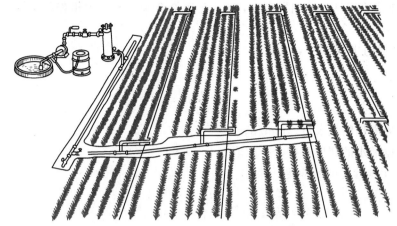

(a)单行半固定式毛管直线布置

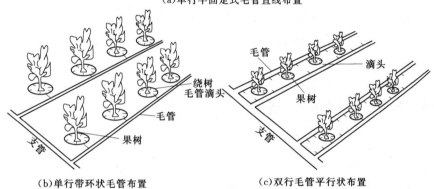

(b)单行带环状毛管布置 　　　(c)双行毛管平行状布置

图 7-22 滴灌毛管和灌水器的布置

式。滴头用量：对于成龄果树，株行距 8m×8m 时，每株树布设 8～10 个；株行距 6m×6m 时，每株树面设 4～6 个；株行距 4m×4m 或 3m×4m 时，每株树用 2～3 个，幼树适当减少。

对窄行蔬菜及瓜类，毛管面设于作物行间，一条毛管控制二行作物。浅根作物的滴头间距一般取 30～40cm，深根作物一般取 40～50cm。

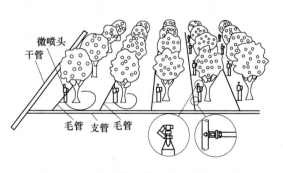

图 7-23 微喷灌毛管和灌水器的布置

五、拟定微灌灌溉制度

1. 一次灌水量的计算

$$m = 1000(\beta_{max} - \beta_{min})\gamma ZP \qquad (7-3)$$

式中　m——一次灌水量（设计灌水定额），mm；

β_{max}、β_{min}——适宜土壤含水率上下限（以干土重％计），可分别取田间持水量的 90％～100％和 60％～70％；

γ——土壤干容量，t/m³；

Z——微灌土壤计划湿润层深度，m，蔬菜 $0.2 \sim 0.3$m，大田作物 $0.3 \sim 0.6$m，果树 $1 \sim 1.2$m；

P——微灌土壤湿润比，%。

2. 灌水周期

$$T = \frac{m}{E_a} \eta \qquad (7-4)$$

式中 E_a——微灌作物耗水量，mm/d；

η——微灌水的利用系数，一般取 $0.9 \sim 0.95$。

3. 一次灌水延续时间的确定

$$t = \frac{m S_e S_l}{\eta q} \qquad (7-5)$$

式中 t——一次灌水延续时间，h；

S_e——灌水器间距（果树株距），m；

S_l——毛管间距（果树行距），m；

η——灌溉水利用系数，$\eta = 0.9 \sim 0.95$；

q——灌水器流量，L/h。

对于成龄果树一株树安装 n 个滴头时：

$$t = \frac{m S_e S_l}{n \eta q} \qquad (7-6)$$

4. 微灌系统工作制度确定

微灌系统的工作制定有续灌和轮灌两种情况。

（1）续灌。续灌是对系统内全部管道同时供水，灌区内全部作物同时灌水的一种工作制度。它的优点是每株作物都能得到适时灌水，操作管理简单。其缺点是干管流量大，工程投资和运行费用高；设备利用率低。一般只有在小系统才采用续灌的工作制度。

（2）轮灌。轮灌是支管分成若干组，由干管轮流向各支管供水，而各组支管内部同时向毛管供水。这种工作制度减少了系统的流量，从而可减少投资，提高设备的利用率，通常采用的是这种工作制度。

六、毛管计算

1. 一条毛管的进口流量

$$Q_毛 = \sum_{1}^{N} q_i = \frac{L_毛}{S} n q_i \qquad (7-7)$$

式中 N——毛管上灌水器数目，个；

q_i——灌水器的流量，L/h；

$L_毛$——毛管长度，m；

S——毛管上出水口间距（果树株距），m；

n——毛管上出水口位置放置灌水器数目（果树下灌水器数目），个。

2. 毛管水力计算

（1）允许水头偏差的分配。

设计允许水头偏差率：
$$[h_v] = \frac{[q_v]}{x}\left(1 + 0.15\frac{1-X}{X}[q_v]\right)$$

灌水小区允许水头偏差：
$$[\Delta h] = [h_v]h_d$$

式中　h_d——灌水器实际工作水头，m。

在平坦地形的条件下，压力调节装置安在支管进口处，允许水头损失分配该支、毛管两级。

$$[\Delta h]_\text{支} = 0.45[h_u]h_d$$

$$[\Delta h]_\text{毛} = 0.55[h_v]h_d$$

在毛管进口安装调压管的方法来调节的压力，允许压力差可全部分配给毛管，即：

$$[\Delta h]_\text{毛} = [h_v]h_d$$

采用补偿式灌水器时，灌水小区内设计允许的水头偏差应为该灌水器允许的工作水头范围。

（2）毛管允许的出水口数目 N_m（取整数）。

$$N_m = \left(\frac{5.446[\Delta h]_\text{毛}\, d^{4.75}}{KS_e q_d^{1.75}}\right)^{0.364} \tag{7-8}$$

式中　$[\Delta h]_\text{毛}$——毛管的允许水头偏差，m；

　　　　d——毛管内径，mm；

　　　　q_d——毛管灌水器设计流量，L/h；

　　　　S_e——毛管灌水器间距，m；

　　　　k——水头损失加大系数，$k = 1.1\sim1.2$。

毛管允许最大长度：
$$L_m = N_m S_e + S_0$$

式中　S_0——毛管进口至第 1 号灌水器的距离（第一孔距）。

3. 毛管进口要求的工作水头 h_0

毛管应沿等高线布置，地形坡度 $J = 0$，最大滴头工作水头在第 1 号出水口上，$h_1 = h_\text{max}$。

$$h_0 = h_1 + \frac{kfS_0(Nqd)^{2.75}}{d^{4.75}} \tag{7-9}$$

式中　f——摩阻系数；

　　　N——毛管出水口数目，个；

其他符号意义同上。

4. 调压管长度的确定

为满足设计均匀长要求，一般在毛管首端安装调压管，使各毛管获得均等的进口压力，采用 $D = 4\text{mm}$ 聚乙烯塑料管，调压管所需长度：

$$L = \frac{\Delta h - 1.43 \times 10^{-5} \times Q_\text{毛}^2}{8.45 \times 10^{-4} Q_\text{毛}^{1.696}} \tag{7-10}$$

式中　Δh——需要消除的多余水头，m；

　　　$Q_\text{毛}$——条毛管进口流量，L/h。

七、管径选择

1. 毛管管径的初选

按毛管的允许水头损失值，初步估算毛管的内径：

$$d_毛 = \sqrt[b]{\frac{KFfQ_毛^m L}{[h]_毛}}$$

其中

$$F = \frac{1}{m+1}\left(\frac{N+0.48}{N}\right)^{m+1}$$

式中　　$d_毛$——初选毛管内径，mm；

K——考虑到毛管上管件或灌水器产生的局部水头损失而加大的系数，其取值范围一般在 1.1～1.2 之间；

F——多口系数；

N——多孔管总孔数，个；

$Q_毛$——毛管流量，L/h；

L——毛管长度，m；

f——摩阻系数；

m——流量指数；

b——管径指数。

由于毛管的直径一般均大于 8mm，上式中各种管材的 f、m、h 值，可按表 7-8 选用。

2. 支管管径的初选

（1）平坦地形，毛管进口未设调压装置时，支管管径的初选。

按分配给支管的允许水头偏差，用下式初估支管管径 $d_支$：

$$d_支 = \sqrt[b]{\frac{KFfQ_支^m L}{0.45[h_v]h_d}}$$

式中　K——考虑到支管管件产生的局部水头损失而加大的系数，其取值范围为 1.05～1.1；

其余符号意义同前。

且 f、m、b 值仍从表 7-9 中选取，需注意的是，应按支管的管材种类正确选用表中系数。

表 7-9　　　　　　　　　　各种塑料管材的 f、m、b 值

管　材			f	m	b
硬塑料管			0.464	1.77	4.77
微灌用聚乙烯管	$d>8mm$		0.505	1.75	4.75
	$d \leqslant 8mm$	$Re>2320$	0.595	1.69	4.60
		$Re \leqslant 2320$	1.75	1	4

注　1. Re 为雷诺数，$Re \leqslant 2320$ 管中水流为层流状态。

　　2. 微灌用聚乙烯管的 f 值相应于水温 10℃，其他温度时应修正。

（2）坡地，毛管进口采用调压装置时，支管管径的初选。

由于此时设计允许的水头差，均分配给了毛管，支管应按经济的水力比降来初选其管径 $d_支$：

$$d_支 = \sqrt[b]{\frac{KFfQ_支^m L}{100i_支}}$$

式中 $i_支$——支管的经济水力比降，一般为 $0.01 \sim 0.03$；

L——支管长度，m。

另外，支管管径也可按管道经济流速确定：

$$d_支 = 1000\sqrt{\frac{4Q_支}{3600\pi V}}$$

式中 $d_支$——支管内径，mm；

$Q_支$——支管进口流量，m^3/h；

V——塑料管经济流速，m/s，一般取 $v=1.2 \sim 1.8 m/s$。

3. 干管管径的初选

干管管径可按毛管进口安装调压装置时，支管管径的确定方法进行计算确定。

在上述三级管道管径均计算出后，还应根据塑料管的规格，最后确定实际各级管道的管径。必要时还需根据管道的规格，进一步调整管网的布局。

微灌系统使用的管材与管件，必须选择其公称压力符合微灌系统设计要求的产品，地面铺设的管道并应不透光、抗老化、施工方便、连接牢固可靠。一般情况下，直径 50mm 以上各级管道和管件选用聚氯乙烯产品；直径 50mm 以下各级管道和管件应选用微灌用聚乙烯产品。严禁使用由费旧塑料制造的管材和管件。

八、进行管道水力计算

1. 在微灌系统中沿程摩阻损失采用勃拉休斯公式计算

$$h_f = f\frac{Q^m}{d^b}L \qquad (7-11)$$

式中 Q——流量，L/h；

d——管道内径，mm；

L——管道长度，m。

f、m、b 值可从表 $7-9$ 中选取。

微灌系统中的支、毛管出流孔口系数较多，一般可视为等间距、等流量分流管，其沿程水头损失可按下式计算（当 $N \geqslant 3$ 时）：

$$h_f = FfL\frac{fSq_d^m}{d^b}\left[\frac{(N+0.48)m+1}{m+1} - N^m\left(1-\frac{S_0}{S}\right)\right]$$

式中 h_f——等距多孔管沿程水头损失，m；

S——分流孔的间距，m；

S_0——多孔管进口至首孔的间距，m；

N——分流孔总数；

q_d——毛管上单孔或灌水器的设计流量，L/h；

其余符号意义同前。

上面计算求出的是管内流量不变情况下的沿程水头损失。滴灌系统中的管道大多是多孔口出流，故计算结果还应再乘以多口系数。

2. 管道的局部阻力损失

一般可采用沿程损失 5%～10% 计算。过滤器和施肥灌的水头损失较大，应单独考虑。对网式过滤器，可按 2m 估算，施肥灌按 1m 估算。

九、计算滴灌系统设计流量及设计扬程，选配水泵及动力机

十、工程结构设计

1. 管道系统结构设计

管道系统结构设计包括管道纵坡、埋深的确定，节制阀、放水阀、排气阀以及压力、流量量测仪表的设置等。过滤设备已在前面作过专论，此处不作重复，应根据水质正确选择过滤器。

（1）管道纵坡：管道纵坡应力求平顺，减少折点，有起伏时应避免产生负压。一般管道纵坡采取与自然地面相一致。在遇到地形突变但高差不大时，可采用逐根管道偏转一定角度的办法逐步变坡转弯，以减少折点。

（2）管道埋深：应根据气候条件、地面荷载等因素确定。管道设计埋深一般应考虑防冻及耕作机械碾压等问题，一般干、支管道的埋深不能小于 50cm，毛管的埋深不能小于 30cm。

（3）阀门：在管道系统中要设计节制阀、放水阀、排气阀等，一般节制阀设置在水泵出口处的干管上和每条支管的进口处，以控制水泵出流量和控制支管流量，实行轮灌。每个节制阀控制一个轮灌区。放水阀一般设置在干、支管的尾部，其作用是放掉管中积水。设置上述两种阀门处应设计阀门井，其顶部应高于阀门 20～30cm，其余尺寸以方便操作为度。非灌溉季节，阀门井用盖板封闭，以保护阀门和冬季保温。排气阀一般设置在干管上。在管道布置时，因地形的起伏有时不可避免地产生凸峰，管网运行时这些地方易产生气团，影响输水效率，故应设置排气阀将空气排出。逆止阀一般设置在输水干管首部，防止突然停机造成的水锤事故。

（4）压力和流量仪表：它们是系统观测设备，均设置在干管首部。一般装置 2.5 级精度以上的压力表，以控制和观测系统供水压力。为了观测流量，一般安装一只水表，以便掌握灌区用水量。

2. 施工详图的绘制

完整的微灌工程设计，应绘制微灌系统布置图、干支管道纵断面图、枢纽工程布置图、阀门井、泵站、蓄水池结构图、细部结构安装图、加工配件（如接头等）机械图等。

系统布置图反映出管网系统的级数，各级管道的走向、位置、长度，以及各类建筑物的位置等，是工程施工不可缺少的。管道纵断面图，标有管道中心线的地面高程、管道铺设坡降、管底开挖高程、阀门位置等。施工时利用图放线并确定某一段的开挖深度。首部枢纽布置图标明各种仪器设备安装顺序及连接尺寸等。其他结构图是为了施工方便而提供的。

十一、编制工程投资预算，提出施工安排及管理运行要求

编制工程预算是工程设计的重要内容。它按一定的顺序，分为设备、土建和其他三部分。编制工程预算必须掌握现行的设备价格。土建和设备安装部分要根据当地近期施工预算定额和材料价格确定。

一般设备部分要分别列出设备名称、规格型号、单位、数量、单价、复价等。在单价计时，如设计施工期较长（一年以上），原则上要考虑物价上涨因素。

土建部分包括泵房、蓄水工程、沉沙池、管线开挖和回填等。应详细列出土石方工程量、砖、水泥、石灰、钢材、木材、沥青、油位等材料的规格、数量、单价、复价等。

第六节 微灌工程施工与管理

一、滴灌工程施工应注意的问题

滴灌工程必须严格依据设计并按照有关规定和要求进行施工，同时应注意如下问题。

（1）施工前应做好充分准备。全面了解和熟悉工程的设计文件和施工现场；编制施工计划，按设计要求检查工程设备器材；准备好施工工具。

（2）在施工过程中应随时检查质量，发现不合格要求的应坚决返工，不留隐患。

（3）对安装设备器材，必须按设计要求全面核对设备规格、型号、数量和质量，严禁使用不合格产品。

（4）无论哪种管道，施工时都应选择天凉、温差变化不大时向管沟覆土，尽置减少温度对管道施工质量的影响。PVC塑料管对温度变化反映比较灵敏，热应力引起热胀冷缩变化，夏天施工应在清早或傍晚进行，以免在烈日下施工使塑料管受热膨胀，晚间变凉管道收缩而导致接头脱落、松动、移位而造成漏水。

（5）寒冷地区的管道应埋在冻土层深度以下，防止冻胀影响管道。当管槽通过岩石、砖砾等硬物易顶伤管道地段时，可将沟底起挖 10～15cm，清除石块，再用砂和细土回填整平夯实到设计高程。

（6）安装滴灌时，应使滴灌带顺直，防止打折。

（7）在打孔和安装旁通时，应防止泥土灌入管内，并使旁通与支管紧密连接、防止漏水。

（8）在管槽回填之前，应对管道进行冲洗和系统试运行。

（9）聚乙烯半软管填土前，应将管道内充满水，然后再填细土，防止挤压变形。

（10）采用螺纹口连接阀门，一般安装活接头，以便于检修时装卸。阀门井口上应加钢筋混凝土盖板，板上预留钢筋提手，方便起闭和检修，冬季加盖亦可防冻。阀门井底不能用水泥砂架封底，应用干砌砖或片石，以使渗排微量漏水，有利于操作、保养阀门。

二、滴灌工程竣工验收应注意以下问题

竣工验收工作是全面检查和评价滴灌工程质量的关键工作之一，可考核工程建设是否符合设计标准和实际条件，能否正常运行并交付生产单位应用。

（1）验收前必须提交相应的设计文件。

（2）滴灌工程的隐蔽部分必须在施工期间进行检查验收。

（3）检查各级管道安装是否齐备。

（4）逐次打开各级管道末端的排水阀进行冲洗，先冲洗上一级管道再冲洗下一级管道，待全系统所有设备冲洗干净后再试水。

（5）各级管道充水试压时间应保持 15min 左右，发现问题及时检修，然后放水冲洗

再作复试，达到要求后才可进行下一级管道的冲洗试验。

（6）试水时应先检查过滤器是否正常运行，待过滤器冲洗干净、运行正常后再试压。

三、滴灌工程的运行管理

滴灌系统的堵塞有悬浮物堵塞、化学沉淀堵塞、有机生物堵塞等几种，有时几种情况同时发生。为了预防堵塞发生，应当十分重视水的预先沉淀和过滤处理，过滤器一定要可靠。当过滤器拦截的污物较多时，会产生较大的阻力，过水将不顺畅，此时，应对过滤器进行冲洗或反冲洗，切不可去掉过滤器内的过滤介质（滤网、砂石、塑料叠片等）。

在农耕作业时，要注意不损伤毛管。灌溉结束后，把毛管用水洗净、折叠好，不要扭曲。为防止冻害，冬灌后把管路内的水排空。

滴灌工程的运行管理必须严格遵守工程运行的各项技术规定，正确使用和维护各类设备，确保人身和设备安全，杜绝事故发生，同时还应注意如下问题：

（1）维护好过滤设备、对过滤器的滤网经常检查，发现损坏及时修复或更换，也要经常冲洗或刷洗滤芯。

（2）维持水源工程建筑物，确保设计用水的要求。

（3）加强对水泵的监护工作，及时发现问题及时解决。

（4）加强对电机及配电室、控制系统的安全检查。

（5）系统初次运行时应打开干管、支管和所有毛管的尾端进行冲洗。在日常运行中为防止产生水锤，必须缓慢关闭管道上的闸门阀。

（6）灌水作业应按计划的滴灌次序进行，灌水期间应检查管道的工作状况，对损坏或漏水严重的管段要及时修复。

（7）移动管用完收回放好，冬灌后排空管内的积水。

第七节　微灌工程设计实例

一、示范区的基本情况

1. 气象条件

当地属半湿润气候区，干燥度 $K=1.05$。年降雨量约 600mm，年际间变化很大，且年内降雨分配极不均衡，降雨主要集中在 6—9 月，约占全年降雨量的 80% 左右。春旱秋涝。多年平均气温为 15.1℃，年蒸发量 1300mm。年日照时数为 2165h。太阳辐射总量 $498×103J/cm^2$，无霜期 210d。相对湿度多年平均值为 70%，不小于 10℃。最大冻土层深度小于 45cm。年平均风速 3m/s，全年无明显主风向。

2. 土壤及种植条件

示范区内土壤为潮土，质地偏轻。耕层容重约为 $1.27g/cm^2$；田间持水量约 27%；有机质含量 1.2% 左右。区内目前主要以种植麦、豆、水稻等作物为主，也种植一些蔬菜。

3. 地下水资源

示范区设计选用区内浅层地下水作为灌溉水源。含水层的分布主要有三层，分别在 8～11m、15～18m、29～31m。一般农用机井（井径 50cm，井深 35m）每昼夜涌水量在

$1000\sim1100\mathrm{m}^3$。稳定动水位在$8\sim9\mathrm{m}$。机井抽水影响半径约在$150\sim170\mathrm{m}$。区内地下水埋在$5.0\sim5.5\mathrm{m}$之间。通过分析，本区灌溉水源能满足试区轮灌要求。

4. 供电条件

整个示范区内现以布有10km高压输电线路，井灌所用电力可就近接线，仅需配置部分变压器和低压输电线路即可。

5. 交通

示范区位于市北郊，距市区2km，铁路、公路运输十分便利。

6. 旱灾情况

示范区地处亚热带湿润季风气候与南温带半湿润季风气候区的过渡带上。降雨年际变化大，年内分配不均，容易形成旱涝灾害。据1963—1991年28年资料分析，干旱年年都有发生，各类旱灾都对农作物造成减产。

7. 社会经济状况

示范区地处近郊，人均收入高，劳动力资源相对紧张，乡镇工业发达，农民经济承受能力较高，自筹资金能落实。

二、示范区规划设计

大棚蔬菜滴灌示范区南北宽145m东西长350m，面积约73亩。区内地势平坦，田间最大高差一般在20cm以内。区内计划布置6m×30m（宽×长）塑料大棚，主要以种植早春或秋延茄类蔬菜（如番茄、甜椒）为主。夏季主要以速生叶菜栽培居多。前果类蔬菜一般采用地膜加棚膜覆盖栽培，株行距大多为$30\sim50\mathrm{cm}$。

1. 管网总体布局

根据大棚群的走向，初步规划机井位于示范区南部中点，输水干管南北向布置；分干管沿棚群走向白干管分别向东西方向布置。每条分干管控制两排大棚，分干管间距75m。从分干管上用配水支管将压力水流引入棚内，再通过旁通将毛管与支管连接，把灌溉水流送至畦中如图7-24。

2. 系统设计标准

一般情况下，当滴管的均匀系数$C_v=98\%$，滴头的流量变差$q_v\leqslant10\%$，若取滴头的流态指数$x=0.5$，则滴管的允许设计水头偏差率$[h_v]$应为：

$$[h_v]\leqslant\frac{[q_v]}{x}\left(1+0.15\right)\frac{1-X}{x}[q_v]$$

$$[h_v]\leqslant\frac{0.1}{0.5}\left(1+0.15\frac{1-0.5}{0.5}\times0.1\right)$$

$$[h_v]\leqslant0.25=25\%$$

由于示范区内，耕层土壤为沙土壤，根据《微灌工程技术规范》（SL 103—95），取滴灌的允许灌水强度$P_允=15\mathrm{mm/h}$。由于滴灌系统既要考虑到春、秋季果菜类的灌溉，又要兼顾夏季速生叶菜的灌水，故取滴灌的设计湿润比$P=90\%$。

3. 毛管与滴头间距的确定

因各棚的面积均为6m×30m＝$180\mathrm{m}^2\approx0.27$亩，故取一栋大棚进行典型毛管布置设计。

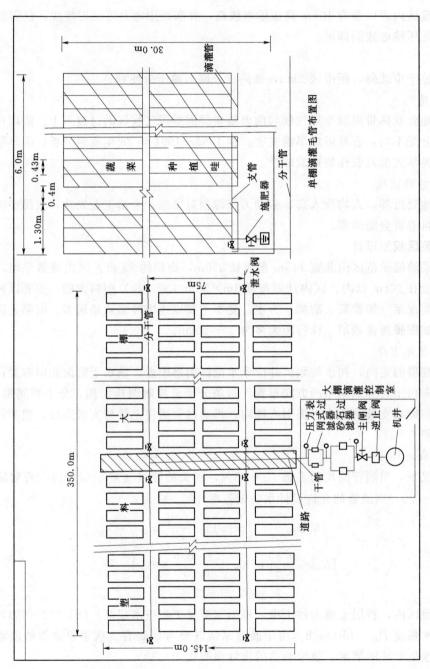

图 7 - 24 微喷灌毛管和灌水器的布置

蔬菜密植根浅，一次滴灌很小。在种植品种方面，即可能有株行距较大的前果类蔬菜，又可能有密植的叶菜类蔬菜。为此，本设计参照美国雨鸟公司的滴灌设计指导，并结合本地大棚内畦田宽度一般为 1.5m 的具体情况，初步拟定滴灌溉毛管的间距（S_l）为 0.5m，滴头间距（S_e）为 0.3m。并选择河北龙达公司生产的 $\phi16$mm 迷宫式滴灌管。其滴头已在出厂前按要求间距安装于管内，主要性能见表 7-10。

表 7-10　　　　　　　　　　　　　迷宫式滴灌管性能参数

类 型	规格/mm	流量/(L/h)	制造偏差系数/%	耐水压、拉拔	工作压力/kPa
迷宫式滴灌管	$\phi16\times1.15$	2.0	3.62	符合《微灌灌水器——微灌管、微灌带》（SL/T 67.2—1994）	100

采用上述滴灌管，其滴灌强度 P 为：

$$P = \frac{q_d}{S_l S_e} = \frac{2.0}{0.3 \times 0.5} = 13.3 (\text{mm/h}) < p_允 = 15 (\text{mm/h})$$

根据生产商提供的资料，滴头的湿润带宽度 $D_w = 0.42$m，按上述布置的滴灌管，其实际湿润比 P 为

$$P = \frac{0.785 D_w^2}{S_e S_l} \times 100\% = \frac{0.785 \times 0.42^2}{0.3 \times 0.5} \times 100\% = 92.3\%$$

达到设计要求 $P = 90\%$。

4. 毛管极限长度的较核

现取滴头的工作压力为 100kPa。由于示范区地势平坦，大棚进口处可不设水阻管或压力调节器，则系统支、毛管的允许压力差 $[\Delta h]$ 为：

$$[\Delta h] = [h_v] h_d$$

根据以上计算，将数值代入式中得：

$$[\Delta h] = 0.25 \times 10 = 2.5 (\text{m})$$

按一般惯例，将允许水头合理地分配支、毛管：

$$[\Delta h]_毛 = 0.55 [\Delta h] = 0.55 \times 2.5 = 1.375 (\text{m})$$

$$[\Delta h]_支 = 0.45 [\Delta h] = 0.45 \times 2.5 = 1.125 (\text{m})$$

当滴灌管中滴头流量为 2.0L/h、滴头间距为 0.3m、滴灌均匀度为 98%，不考虑地形变化，$\phi16$mm 毛管允许铺设的最大长度 $L_毛$ 为：

$$L_毛 = S_e \times \text{INT} \left(\frac{5.446 [\Delta h]_毛 \, d^{4.75}}{k S e q_d} \right)^{0.364}$$

式中　$L_毛$——毛管的极限长度，m；

S_e——滴头间距，为 0.3m；

INT——取整符号；

$[\Delta h]_毛$——管的均需水头偏差值，为 1.375；

d——毛管内径，本例中为 13.6mm；

k——水头损失扩大系数，k 取值范围为 1.1~1.2，本例取 $k = 1.2$；

q_d——滴头设计流量，为 2.0L/h。

经计算 $L_{毛}$ 为：

$$L_{毛}=0.3\times\mathrm{INT}\left(\frac{5.446\times1.375\times13.64.75^{4.75}}{1.2\times0.3\times2.0^{1.75}}\right)^{0.364}=52.8(\mathrm{m})$$

标准大棚的长度为 30m，故所选的滴灌管可满足滴灌均匀度的要求。

5. 大棚滴灌制度的拟定

(1) 灌水定额。取计划湿润层深度 $z=0.3\mathrm{m}$，滴灌土壤含水率上、下限分别为田间持水量的 90% 和 70%，即 $\beta_{\max}=0.243$，$\beta_{\min}=0.189$，滴灌水的利用系数取 0.9，土壤湿润比 $P=92.3\%$，耕层土壤容重 $\gamma=1.27\mathrm{g/cm^3}$，则灌水定额 $m_{滴}$ 为：

$$m_{滴}=1000\gamma ZP(\beta_{\max}-\beta_{\min})\times1/\eta$$
$$=1000\times1.27\times0.3\times92.3\%\times(0.243-0.189)\times1/0.9=21(\mathrm{mm})$$

取 $m_{滴}=21.0\mathrm{mm}=14.0\mathrm{m^3/亩}$。

每个标准大棚的面积为 $6\mathrm{m}\times30\mathrm{m}=180\mathrm{m^2}\approx0.27$ 亩，其灌水定额应为：

$$m_{棚}=14.0\times0.27=3.78(\mathrm{m^3})$$

(2) 灌水周期。取大棚蔬菜日耗水量 $E_a=3.0\mathrm{mm/d}$，则灌水周期 T 为：

$$T=\frac{m_{滴}}{E_a}=\frac{21.0}{3.0}\times0.9=6.3(\mathrm{d})$$

(3) 大棚一次灌水延续时间 (t)：

$$t=\frac{m_{滴}S_eS_l}{q_d}=\frac{21.0\times0.3\times0.5}{2.0}=1.58(\mathrm{h})$$

(4) 轮灌区的划分。根据棚内布置的毛管及滴头数量，可以计算出单棚设计流量：

每棚毛管条数 $6\mathrm{m}/0.5\mathrm{m}=12$，每条毛管的滴头数 $30\mathrm{m}/0.3\mathrm{m}=100$。

单棚设计流量 $Q_{棚}=12\times100\times2.0=2400(\mathrm{L/h})=2.4(\mathrm{m^3/h})$。

根据机井出水量 $Q_{井}=40\mathrm{m^3/h}$，则同时可以进行滴灌的大棚数量 n 为：

$$n=\frac{Q_{井}}{Q_{棚}}=\frac{40}{2.4}=16.7，取 N=16$$

考虑到棚室群内种植的蔬菜品种较多，若取每条分干管上同时允许滴灌的棚数为 4 个，既整个示范区同时运行的大棚数为 16 个，按系统每天工作 $t=8\mathrm{h}$ 计，大棚一次灌水时间 1.58h，则一天可轮灌 $8/1.58=5.08$ 取 5 次，那么一天能滴灌 $16\times5=80$ 个大棚。小区大棚总数 180 栋，全部灌完一次水要 $180/80=2.25\mathrm{d}$，即实际灌水周期 $2.25\mathrm{d}<T_{允}=6.3\mathrm{d}$。

因此，采取上述轮灌方法比较经济合理。

6. 各级管道管径的确定及水力计算

(1) 毛管水头损失的计算：

$$Q_{毛}=n_{滴}\ q_d$$

式中　$Q_{毛}$——毛管（滴灌管）进口流量，L/h；

　　　$n_{滴}$——毛管上滴头个数，个。

$$n_{滴}=\frac{L_{毛}}{S_e}=\frac{30}{0.3}=100(个)$$

$$Q_{毛}=100\times2.0=200(\mathrm{L/h})$$

毛管选用 $\phi16$PE 管，内径为 13.6mm＞8mm，按勃拉休斯公式计算其沿程水头损失：

$$h_f=\frac{fSq_d^m}{d^b}\left[\frac{(N+0.48)^{m+1}}{m+1}-N^m\left(1-\frac{S_0}{S}\right)\right]$$

式中 h_f——等距多孔管沿程水头损失，m；

S——分流孔间距，m，本例取 $S=0.3$m；

S_0——多孔管进口至首孔的间距，m，本例取 $S_0=0.3$m；

N——分流孔总数，个，本例取 $N=100$；

q_d——灌水器设计流量，L/h，本例 $q_d=2.0$L/h；

d——管内径，mm，本例 $d=13.6$mm；

$f，m，b$——查表 7-8，$f=0.505，m=1.75，b=4.75$。

将上述数据代入上述，得：

$$h_{f毛}=\frac{0.505\times0.3\times2.0^{1.75}}{13.6^{4.75}}\left[\frac{(100+0.48)^{1.75+1}}{1.75+1}-100^{1.75}\times\left(1-\frac{0.3}{0.3}\right)\right]=0.245(\text{m})$$

毛管的局部水头损失可按沿程水头损失的 20% 考虑，即：

$$H_{j毛}=0.2h_{f毛}=0.2\times0.245=0.049(\text{m})$$

毛管总的水头损失应为：

$$H_{毛总}=h_{f毛}+h_{j毛}=0.245+0.049=0.294(\text{m})$$

（2）大棚内配水支管管径及水头损失计算。

按下式推求支管的管径：

$$d_支=\sqrt[b]{\frac{fQ_支^m\ KFL}{0.45[h_v]h_d}}$$

式中各符号具体数值为：

$f=0.505，m=1.75，b=4.75，K=1.2，L=6.0$m，$N=6$m/0.5m$=12$

$$F=\frac{1}{1.75+1}\left(\frac{12+0.48}{12}\right)^{1.75+1}=0.405$$

$Q_支=12\times100q_d=2400$L/h，$[h_v]=0.25$m，$h_d=10$m

将数据代入公式中，得：

$$d_支=\sqrt[4.75]{\frac{0.505\times2400^{1.75}\times1.2\times0.405\times6.0}{0.45\times0.25\times10}}=18.6(\text{mm})$$

根据聚乙烯微灌规格，并考虑到便于旁通与支管的连接，支管拟选用 $\phi32\times2.4/0.40$ 黑色聚乙烯灌管。其计算内径 $d=26$mm。此时，支管实际水头损失应为

沿程水头损失：

$$h_{f支}=\frac{FfQ_支^m}{db}L=\frac{0.405\times0.505\times2400^{1.75}\times6.0}{26^{4.75}}=0.19(\text{m})$$

局部水头损失：

按沿程水头损失的 20% 考虑，即

$$h_{f支}=20\%h_{f支}=0.2\times0.19=0.04(\text{m})$$

支管总水头损失：$h_支=0.19+0.04=0.23(\text{m})$

（3）分干管管径及水头损失计算。

分干管流量 $Q_{分干}=4Q_{支}=4\times2400=9600(L/h)=9.6(m^3/h)$

取分干管经济流速 $V_{分干}=1.5m/s$，则

$$d_{分干}=\sqrt{\frac{4Q_{分干}}{\pi V}}=\sqrt{\frac{4\times9.6}{3.14\times1.5\times3600}}=0.048(m)=48(mm)$$

选取 $\phi63\times4.7/0.4$ 的聚乙烯管为分干管，其内径 $d_{分干}=52.2mm$。当分干管末端4栋大棚滴灌同时开启时，末端2棚共用一个分干管，分干管总长 L 分两段 $L_1=160.5m$，$L_2=7.5m$，则实际分干管水头损失：

$$h_{f分干}=f\frac{Q_{分干}^m L}{d_{分干}^b}=0.505\times\frac{1}{52.2^{4.75}}(9600^{1.75}\times160.5+4800^{1.75}\times7.5)=5.31(m)$$

局部水头损失：

$$h_{j分干}=10\%h_{f分干}=0.1\times5.31=0.53(m)$$

分干管总水头损失：

$$h_{分干}=5.31+0.53=5.84(m)$$

（4）干管管径及水头损失计算。

干管流量分为二段，第一段为首部枢纽至第一排大棚后，管段流量：

$$Q_{干1}=4\times Q_{分干}=4\times9600=34800(L/h)$$

第二段为第二排大棚至第四排大棚，管段流量：

$$Q_{干2}=2\times Q_{分干}=2\times9600=19200(L/h)$$

若取干管经济流速 $V_{干}$ 均为 $1.5m/s$，则各短管径为：

$$d_{干1}=\sqrt{\frac{4Q_{干1}}{\pi V}}=\sqrt{\frac{4\times38.41}{3.14\times1.5\times3600}}=95.2(mm)$$

$$d_{干2}=\sqrt{\frac{4Q_{干2}}{\pi V}}=\sqrt{\frac{4\times19.2}{3.14\times1.5\times3600}}=67.3(mm)$$

根据喷灌用PVC管规格，两管段分别选用 $\phi110\times3.4/0.63$ 和 $\phi75\times2.3/0.63$ PVC管为微灌干管。其计算内径为102mm和69.4mm。这时实际的水头损失应为

沿程水头损失，即

$$h_{j干}=f\left[\frac{Q_{干1}^m}{d_{干1}^b}L_{干1}+\frac{Q_{干2}^m}{d_{干2}^b}L_{干2}\right]=0.464\times\left[\frac{38400^{1.77}}{102^{4.77}}\times40+\frac{19200^{1.77}}{69.4^{4.77}}\times75\right]=2.82(m)$$

局部水头损失按沿程水头损失的10%考虑，即

$$h_{j干}=10\%h_{f干}=0.1\times2.82=0.28(m)$$

总的水头损失为：$h_{干}=2.82+0.28=3.1(m)$。

7. 微灌首部枢纽布置设计

由于机井中含有一定的有机物（如动植物残体和菌藻类微生物）及小于0.2mm的泥沙。因此，进入管网的水采用二次过滤。设计前级过滤采用砂石过滤器，次级过滤器为网式过滤器。根据干管设计流量及目前过滤的规格，并按过滤器实际过流量为最大过流量的1/2考虑，分别选用80LS40-800型砂过滤器和WS80×120型网式过滤器。两种过滤器均分别采用并联运行的方式。其中网式过滤器的滤网目数为120目。两种过滤器的技术参数见表7-11。各级过滤器前后均设置2.5级压力表，以监测其工作状况。

表 7-11 微灌枢纽过滤器技术参数

过滤器类型	型号	推荐流量 /(m³/h)	最大工作压力 /kPa	进出口直径 /mm	水头损失 /m
砂石过滤器	80LS40-800	≤80.0（双灌）	800	50螺纹	2.2
筛网过滤器	WS80×120	≤80（2台并联）	800	Dg80法兰	3.2

8. 机泵选型

（1）按下式计算微灌系统设计水头 H：

$$H = Z_p - Z_b + h_0 + \sum h_{管} + \sum h_{首}$$

式中　H——微灌系统设计水头，m；

$Z_p - Z_b$——典型毛管进口与水源设计水位之间的高差，机井稳定动水位经测定为 8.5m，枢纽地面与毛管进口间的高差取 0.2m，则 $Z_p - Z_b = 8.5 + 0.2 = 8.7$(m)；

h_0——典型毛管进口的设计水头，本例中 $h_0 = 10$m；

$\sum h_{管}$——水泵至典型毛管进口的水头损失之和，即各级管道（干管、支管、毛管）总的水头损失，$\sum h_{管} = 3.1 + 5.84 + 0.23 + 0.29 = 9.46$m；

$\sum h_{首}$——首部枢纽水头损失，即过滤器、施肥器、各级闸门、水泵管路等水头损失之和，取二级过滤的水头损失之和 5.4m，枢纽中各级闸门的局部水头损失之和为 2.0m，水泵管路等水头损失取 0.5m，则 $\sum h_{首} = 5.4 + 2.0 + 0.5 = 6.1$(m)。

$$H = 8.7 + 10 + 9.46 + 6.1 = 35(m)$$

（2）机泵选型。机井的稳定动水位一般在 8m 以下，不能满足离心泵的吸程要求。故拟选用潜水泵为提水机具。据管网设计流量和工作压力，查水泵手册，初选石家庄水泵厂生产的 200QJ40-39/5.5 型潜水泵，其主要技术参数见表 7-12。

表 7-12 滴灌潜水泵性能参数

水泵型号	流量/(m³/s)	扬程/m	电机功率/kW	额定电压/V	适用井径/mm
200QJ40-39/5.5	40	39	5.5	380	>200

9. 管网结构设计

因塑料管的线胀系数很大，为使管线在温度变化时自由伸缩，据有关研究成果，初步拟定干、支管上每 30m 设置一个伸缩节。

各级管道分叉、转弯处需砌筑镇墩，以防管线在温度变化时发生位移。镇墩的尺寸为 0.5m×0.5m×0.5m（长×宽×高）。另外，为防止停机后管网水流回灌入井，引起水泵倒转而损坏，故应在水泵出口处安装逆止阀。

由于当地的最大冻土层深度小于 0.45m，考虑到机耕对管道的影响，设计干、支管的埋设深度（管顶以上）为 0.5m。为控制各分干管的运行，分干管首部设控闸阀，尾部设泄水阀，各闸阀均砌阀门井保护。

为了防止因阀启闭过快，使管道内产生水锤引起爆管。经计算，支管阀们启闭的时间不小于 7s。因此，在运行管理时，应控制阀门的启闭时间在 10s 以上，即可防止水锤的产生。

三、工程投资概算

根据当地的物价水平目前微灌设备的价格，初步概算本项工程总投资为27.97万元。具体详见表7-13。

表 7-13　　　　　　　　　　微 灌 工 程 投 资 概 算

项 目 名 称	规 格	单位	数量	单价/元	复价/万元
1. 枢纽控制室	10m²	座	1	3000	0.30
2. 机井建设	φ500mm×35m	眼	1	5500	0.55
3. 潜水井	QS40-40/2-7.5	台	1	2500	0.25
4. 水泵安装		套	1	100	0.01
5. 砂石过滤器	80LS40-800	套	2	2600	0.52
6. 网式过滤器	WS80×120	台	2	1050	0.21
7. 施肥器	1in	只	180	200	3.60
8. 枢纽控制阀及管理		套	1	700.0	0.07
9. 压力表	2.5级	只	3	70.0	0.02
10. 逆止阀	3in	只	1	300.0	0.03
11. 泄水阀	2in	只	4	50.0	0.02
12. 全速球阀	1in	只	180	25.0	0.45
13. PVC 干管	φ10×3.4/0.63	m	40	25.0	0.10
14. PVC 干管	φ5×2.3/0.63	m	75	12.0	0.09
15. PE 分干管	φ63×4.7/0.40	m	680	15.0	1.02
16. PE 配水支管	φ32×2.4/0.40	m	1100	4.5	0.50
17. 滴灌管	φ16	m	65000	2.2	14.30
18. PVC 变径接头	φ110×φ75	只	1	2.0	0.01
19. PVC 弯头	φ110	只	2	35	0.01
20. PVC 三通内螺纹变接头	φ110×2.5in	只	2	75.0	0.01
21. PVC 三通内螺纹变接头	φ75×2.5in	只	2	30.0	0.01
22. 阳螺纹直通	φ63×2.5in	只	16	20.0	0.03
23. 中心阴螺纹三通	φ63×1in×φ63	只	180	35.0	0.63
24. 阳螺纹直通	φ32×1in	只	540	6.0	0.32
25. 全塑球阀	2in	只	8	41.0	0.03
26. 弯头	φ32×φ32	只	180	11.0	0.20
27. 旁通	φ16	套	2160	0.7	0.15
28. 堵头	φ32	只	180	6.5	0.12
29. 堵头	φ16	只	2160	0.3	0.07
30. 伸缩接头	φ75	只	1	30.0	0.01
31. 中心阴螺纹三通	φ32×1in×φ32	只	360	11	0.40

项　目　名　称	规　格	单位	数量	单价/元	复价/万元
32. 粘合剂		kg	2	30.0	0.01
33. 干、支管挖、填土方	0.5×0.4	m³	165	5.0	0.08
34. 干、支管安装费	$\phi10$、$\phi75$、$\phi63$	m³	800	0.5	0.04
35. 毛管安装费	$\phi16$	m³	180	50.0	0.90
36. 镇墩及阀门井	0.5m×0.5m	棚	195	30.0	0.60
37. 系统调整费					0.20
直接工程费	3%				25.89
38. 工程设计费	5%				0.78
39. 不可预见费					1.30
总　　计					27.97

注　表中 1in＝2.54×10⁻²m。

四、微灌工程效益预测

由于本项工程亩投资较大，其工程经济效益宜用动态法进行分析。

据调查统计，示范区附近的大棚蔬菜，在无滴灌的条件下种植，一年三茬菜（早春茬、夏茬、秋冬茬）平均年产量约 7000kg/亩；平均纯收入为 6700 元/（亩·年）。工程建成后，节地率可以达到 5%，则工程节地的效益按无滴灌条件计算为：

$$180 \times \frac{6 \times 30}{667} \times 6700 \times 5\% = 16272（元）$$

参照相邻示范推广资料，取大棚蔬菜滴灌增产率为 30%；水利效益分摊系数取 0.6，按初步动态法计算工程建成后的效益情况。

1. 工程年增效益（B）

$$B = \varepsilon \sum A_{棚} \times 6700 \times 30\% + 16272 = 0.6 \times 180 \times \frac{6 \times 30}{667} \times 6700 \times 30\% + 16272 = 74854（元）$$

2. 滴灌工程年费用（C）的计算

(1) 能耗费（C_1）。取蔬菜多年平均年灌水次数为 45 次，每次平均灌水定额为 15m³/亩，灌溉系统水的利用率为 0.95，电价为 0.5 元/（kW·h），则系统年滴灌能耗费 C_1 为：

$$C_1 = 180 \times \frac{6 \times 30}{667} \times \frac{45 \times 15}{0.95} \times \frac{7.5 \times 0.5}{40} = 3236（元）$$

(2) 维修费（C_2）。根据有关规定，取机井、微灌控制室及地埋各级塑料管道的年平均维修费为投资的 1%；水泵及枢纽控制部分的年平均维修费为投资的 5%，根据工程投资概算（见表 7 - 13），则该工程的年维修费 C_2 为：

$$C_2 = 60800 \times 1\% + 47000 \times 5\% = 2958（元）$$

(3) 微灌工程年折旧费（C_3）的计算。因该工程大部分设施的折旧年限为 20 年，故经济分析期取 20 年。工程投资中，除枢纽控制室的折旧费年限取 40 年，机井、机泵及枢纽控制设备的折旧年限取 10 年；滴灌带的折旧年限为 5 年，其余设备的折旧年限均为 20

年。根据工程投资概算，工程的年折旧费按直线折旧法，经计算后为：

$$C_3 = 8343 (元)$$

（4）微灌工程年管理费（C_4）。为了适应市场的要求，蔬菜一年四季在品种上都应进行合理的安排，因而茬口较乱。由于蔬菜的需水量大，灌水频繁，大棚滴灌系统几乎每天都需运行，从系统控制的面积来看，微灌系统由 1 名专职人员进行管理即可。按当地工资水平，管理人员的月工资以 300 元/人计，则系统年管理费（C_4）应为：

$$C_4 = 12 \times 300 = 3600 (元)$$

据上述分析计算，该微灌工程年费用（C）为：

$$C = C_1 + C_2 + C_3 + C_4 = 3236 + 2958 + 8343 + 3600 = 18137 (元)$$

3. 工程经济效益费用比（R）

$$R = \frac{(1+i)^n - 1}{i(1+i)^n} \times \frac{B-C}{K}$$

若取年利率 $i = 10\%$，经济计算期 $n = 20$ 年，则：

$$R = \frac{(1+0.1)^{20} - 1}{0.1 \times (1+0.1)^{20}} \times \frac{74854 - 18137}{279700} = 1.73 > 1.2，工程可行。$$

4. 内部回收率（I）

$$\frac{I(1+I)^n}{(1+I)^n - 1} = \frac{B-C}{K}$$

经试算得：$I = 0.2 = 20\% > 10\%$，工程可行。

5. 还本年限（T）

$$T = \frac{l_g(B-C) - l_g(B-C-iK)}{l_g(1+i)}$$

取 $i = 10$，则：

$$T = \frac{l_g(74854 - 18137) - l_g(74854 - 18137 - 0.1 \times 279800)}{l_g(1+0.1)} = 7.13 (年)$$

由于 $T = 7.13$ 年 < 10 年，故工程可行。

以上动态计算说明，该工程在经济上是可行的。

五、工程技术指标计算

本项目实施后，可使灌溉水的利用率由目前的 0.50 左右提高到 0.85 以上。与地面灌溉比，可节约灌溉用水 30% 以上，节约耕地 5% 以上；节能 20%～30%；节省灌溉管理用工 30%～40%。另外，其他技术经济指标如下：

1. 亩投资（K_m）

$$K_m = \frac{K}{A} = \frac{279700}{180 \times \frac{6 \times 30}{667}} = 5755 (元)$$

2. 亩管道用量

（1）亩干、支管用量（L_{m1}）：

$$L_{m1} = \frac{L_1}{A} = \frac{1895}{180 \times \frac{6 \times 30}{667}} = 39.0 (m)$$

（2）亩毛管用量（L_{m2}）：

$$L_{m2} = \frac{L_2}{A} = \frac{65000}{180 \times \dfrac{6 \times 30}{667}} = 1338.1(\text{m})$$

第八章 节水新技术

第一节 喷-管结合灌技术

喷灌与管灌是我国最主要的农业节水工程技术，经多年实践证明由于作物生育期降雨分布的不均匀性，喷灌在小麦和玉米的苗期，由于及时喷洒，抗旱保苗，出苗率高是最大的优点。但在小麦生长后期，常为防止例伏而灌水不足，影响千粒重的提高，并提前成熟，降低产量，使水的效益不能充分发挥。管灌在小麦和玉米苗期，由于难于迅速大面积及时灌溉，对抗旱保苗不利，即使施灌了蒙头水，出苗率也不高，是其最大的缺点。两种灌溉方式的灌溉保证率都会受到异常天气变化的影响而降低。在管灌工程基础上，完善其配套设施，并利用给水栓接小泵加压喷灌，组成一个"喷-管结合，扬长避短，择优施灌"的技术体系，集喷灌、管灌优点于一体，使农田灌溉提高保证率，不再受异常天气气候变化的制约。这种"喷-管结合灌"适合我国国情，是一种具有中国特色的农业节水综合配套的新技术。

喷-管结合灌由下述几部分组成：

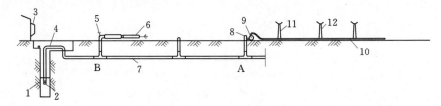

图 8-1　新技术体系组装示意图

（A端示意喷灌状态，B端示意活络管地面灌状态）

1—井；2—潜水泵；3—原电变备；4—安全阀；5—给水栓；6—活络管；7—低压
输水管道；8—给水栓；9—水泵加压装置；10—支管；11—竖管；12—喷头

（1）水源：井灌区农用机井满足低压输水管道要求，一般使用现有水泵。

（2）低压输水管道，如：薄壁 PVC 管、水泥土管、现浇混凝土管、塑料波纹管等，已有的可以应用，新建区可因地制宜发展。

（3）给水栓：已有的给水栓可加以改造，新建的宜采用工程塑料配套型给水栓，如图8-2所示。

（4）活络管：即一种新型带有快速接口的短型软管，用以替代目前采用的田间灌水毛渠，如图8-3和图8-4所示。

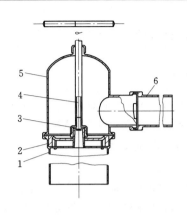

图 8-2 给水栓

1—下栓体；2—丝盖；3—活接头；4—升

降杆；5—上栓体；6—快速接头

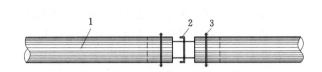

图 8-3 活络管

1—软管；2—快速接口；3—钢丝卡箍

（5）小泵加压喷灌装置：由与水源井泵同步运行的水泵及电机组成，喷头选用低压远射程大流量型，喷灌支管，采用铝合金或 PVC 塑料管，铝合金管工作竖管，如图 8-5 所示。

（6）安全保护设施：包括首部安全阀及漏电保护器。

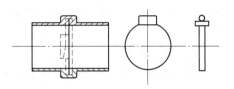

图 8-4 快速接口与卡箍

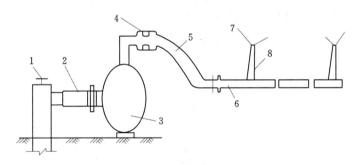

图 8-5 给水栓接小泵加压喷灌系统

1—给水栓；2—快速给水栓软管；3—加压装置；4—水泵出口快速接口；

5—喷灌连接软管；6—喷灌支管；7—低压喷头；8—喷灌立管

喷-管结合灌可根据需要灵活操作，适宜喷灌时则喷灌，适宜地面灌时则用活络管施灌，它即可抗旱保苗，又能保证作物需水高峰充分供水，真正做到了在任何气候条件下，对各种需水规律不同的作物提供水分需要，保证农业的高产、优质、高效。喷-管结合灌与半固定喷灌及井接全移动喷灌相比，投资较低廉，并可有效地提高灌溉保证率，同时由于前期喷灌后期管灌，装机少、耗能低，其管理费用也比喷灌低，效益明显。在我国电力供应紧张的情况下，在已有管灌地区无需电力增容，在新建地区可减少变压器容量，易于发展。

第二节　现代化节水技术

一、节水灌溉专家系统

现代节水技术已取得新进展，根据中国农科院文献中对 CAB 文献数据库的检索查询，共查处最近 10 年 204 篇相关文献。国际上著名的农业专家系统有 COMMAX（用于棉花管理）、PLAT/DS（用于大豆病害诊断）、MISTING（用于温室喷雾控制）、DIES（用于乳牛管理）等，专门的节水灌溉专家系统较少。

农业专家系统的一个最大特点是它的实用性，它应农业需求而研制，又在农业应用中发展。伴随着信息技术的突飞猛进，农业专家系统和其他智能化信息技术集成应用于农业生产和管理已成为必然的趋势。10 年前美国得克萨斯州的 A&M 大学已着手开发"2000年计算机化农场"，目的通过研究和示范，将大部分商品化信息技以术，包括综合分析国内外研究应用现状，有如下趋势：①专家系统的技术继续延伸，应用领域更加拓宽；②专家系统技术与其它技术如模型、多媒体、地理信息系统交叉、融合；③开发的软件简单使用。

1. 系统总体设计

"节水灌溉专家决策系统"采用模块化设计，以 Windows NT/Windows 95(98) 为系统运行环境平台，利用国际上主流的"客户层/服务层/数据层"三层结构模式、分布式技术、软构件技术、基于 Web，在 Web 服务器挂接服务构件，通过前台浏览器管理和运行，系统具有网络化、构建化、智能化、层次化、可视化等特点。可以直接在 internet/intranet 网络环境下运行，支持分布式计算、协同作业和远程多用户、多目标任务的并行处理。

节水灌溉专家系统总体设计如图 8-6 所示。

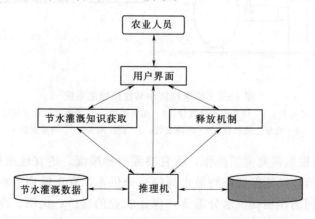

图 8-6　节水灌溉专家决策系统结构

2. 节水灌溉专家系统决策流程

由于采用了网络化、构件化的农业专家系统开发平台，所开发的节水灌溉专家系统能够面向对象设计组件，实现了界面分离和分层管理。上网后，通过哈发登陆打开农业专家系统主界面，用户可在 Web 页面上实现事实的录入、查询和修改，并直接起动推理机，对事实和条件进行推理判断，得到针对性的生产管理决策方案，从而指导农民生产实际。

（1）事实编辑。用户在进行事实录入时，如果是字符型数据，一般通过下拉框或取代方式输入，如果是数值型数据，输入时一般受上下限控制。整个数据录入、修改、删除和保存等操作均可在 Web 页面上实现。如果用户数据量较大，还可在脱机状态下进行数据编辑，待数据录入完成后再联机保存。这样可以节省上网时间，降低通讯费用。

（2）智能决策。用户通过网络可以直接起动推理机，将用户的事实同知识库中的条件相匹配，把结果反馈到终端屏幕，用户可以进行打印或保存。

（3）数据查询。用户可以根据条件对事实表和结果表中的数据进行查询，并可根据需要进行保存和打印输出。

实践表明，"节水灌溉专家决策系统"具有科学、简便、实用等特点。经过几年来多点不同类型地区、不同生产水平、不同土壤条件下科学试验和大范围的生产示范证明，系统具有稳定可靠的增产、节支、增效作用。在原有基础上使水资源的生产效率提高 8%～15%，亩增产粮食 20～25kg，亩节水 30～50m³，单位生产成本降低 5%～7%，经济效益提高 15% 以上。

二、节水灌溉自动化系统

高效农业要求必须实现水资源的高效利用，而要真正实现水的高效利用，仅凭单项节水灌溉技术是不可能解决的。必须将水的输送技术、灌溉制度和降雨、蒸发、土壤墒情、地下水情况、作物需水规律等方面统一考虑，做到降水、灌溉水、土壤水和地下水联合调度，提高农业生产的效率。

灌溉管理自动化是世界先进国家发展高效农业的重要手段，而我国目前仍局限于节水灌溉工程措施的推广和应用，技术的集成和自动化水平较低，这也是我国高效农业发展的主要原因。

以色列、日本、美国等国家已采用先进的节水灌溉制度，由传统的充分灌溉向非充分灌溉发展，对灌区用水进行监测预报，实行动态管理。采用遥感，遥测监测土壤墒情和作物生长等新技术，实现灌溉管理的自动化。

随着微电子技术、计算机技术、通信技术的飞速发展，将计算机、通信技术和节水灌溉技术集成起来，通过不同行业和学科相互渗透和交叉，形成具有特色、性能优良、易于推广应用的节水灌溉系统是现代化农业发展的需要，也是节水灌溉向高层次发展的标志。

"九五"期间进行了节水灌溉自动化测控系统的研究与开发，采用计算机实时测控网络，根据不同作物的生长规律，为科学灌溉、节水灌溉，提供最先进的手段，主要内容包括节水灌溉自动控制系统和节水灌溉自动监测系统。在中心计算机上进行的灌溉管理软件，实时或定时通过有线或无线数据传输网络和数据采集控制设备，采集田间的土壤水分、土壤温度、空气温湿度等数据，事实显示，形成数据库、报表和过程线，供灌溉预报、决策使用。并可遥控实现定时、定量灌水。

三、系统介绍

系统由传感器、数据采集控制终端、数据传输网络及监控中心组成，技术的高度集成是本系统的主要特点。单片机技术、传感技术、通讯技术、遥测遥控技术、软件设计、节水灌溉制度、灌溉技术等在本系统中实现了高度集成。

其中监控中心计算机通过灌溉管理软件提供用户与整个系统的交互功能以及通过数据传输网络和现场数据采集控制终端的交互功能。现场数据采集部分通过各种传感器实时、自动采集土壤水分、土壤温度、空气温湿度等作物生长的环境数据，在中心计算机上形成原始数据库，为灌溉决策提供科学的依据。现场控制部分根据监控中心的命令控制水泵、电磁阀等灌溉设备。

第三节 农业节水高产技术

我国北方地区严重缺水，为此许多专家、学者开展了节水灌溉技术和农业水资源利用方面的研究。北京市"六五"期间开展了农业节水技术研究，"七五"期间完成了"农业灌溉综合节水万亩示范工程"和"农业综合节水开发研究"，产生了选育抗旱种、节水栽培、科学施肥等成熟技术，但随着日益严峻的水资源紧缺形势的发展，京郊约500万亩耕地已面临着前所未有的危机，因此提高作物的水分利用率和生产能力才是根本和长远之计，因此开展作物抗（耐）旱机理的研究，为作物节水高产提供科学依据是节水农业发展的重要方面。

针对北京地区水资源特点和小麦不同类型品种的生长发育规律，以抗（耐）旱作物产量及产量形成规律为中心，大力推广节水高产栽培技术。

一、选用耐旱品种及高产栽培技术

1. 耐旱品种的筛选及应用

在节水栽培措施中，选育、鉴定、推广耐旱性较强的节水高产栽培品种，是最经济有效节水潜力最大的途径。

不同类型冬小麦品种之间对有限水分的利用能力有很大的差异。这种差异主要反应在不同品种在大气和土壤干旱威胁的条件下，生存和形成产量的能力，也就是小麦的抗（耐）旱性。冬小麦的抗旱性主要包括两方面的能力：一是抗水分亏缺的能力，表现在水分胁迫条件下气孔较强的自我调节能力和较高的生产能力，这种抗旱能力使小麦群体对干旱反应不敏感，只有叶水势显著下降时光合效率才降低，表现为较强的生理抗旱性。二是从干旱缺水的土壤中吸取水分的能力，表现在耕作层土壤水分胁迫条件下，依靠发达的根系和高度活性的根毛区吸收更深土层的水分，以减轻干旱威胁的能力。这两种能力的大小取决于不同品种的遗传潜力和对一定生态环境的适应能力。我们经过研究提出以田间测定叶水势和叶片气孔阻抗鉴定品种耐旱性的简易方法和采用不同水分胁迫下的产量，生长速率，根系发育和生理生化指标等四项内容的耐旱的综合评价体系。

这套体系不仅为科学坚定当前栽培品种的抗旱性提供有效方法，同时还为小麦杂种后代的早期时代材料进行抗旱基因型的鉴定提供有效方法，对提高抗旱育种效率有直接重要意义。

通过对30余个生产上大面积推广品种和部分新选育出的优秀品系进行了多指标体系的抗旱性综合鉴定，鉴定出"京核1号""京冬8号""冬丰1号"，具有抗寒性好，矮秆，耐旱等综合优点，它的推广将大大提高北京地区小麦水分利用率。

2.小麦节水高产栽培技术应用

结合小麦需水规律和小麦耐旱机理研究的结果，总结出一套小麦节水高产栽培技术体系，这套技术体系由以下五个模式组成：①根据水资源状况和地力条件确定适宜品种布局模式；②根据播期和地理确定合理基本苗数的种植模式；③根据地力、产量目标和苗情确定合理的施肥量及重施底肥和拔节肥，补施返青肥的合理施肥模式；④根据土壤类型及苗情，浇好冻水，浇好拔节水和灌浆水的合理灌溉模式。

二、土壤培肥保水技术

随着北京市人口增长和城市的发展，各项非农业占地逐年增多，人均耕地愈来愈少，今后人增地减的趋势依然难以遏制，为满足首都对粮食、副食品日益增长的需求，只有从提高耕地质量、提高单位面积产量上寻求出路。欲提高土壤质量必须重视土壤培肥，改进施肥技术，增强土壤的供肥、保肥和抗逆能力，而通过改善土壤物理性状，减轻蒸发，提高抗旱能力，也是建设节水型农业的一个重要方面。

1.高产、高效培肥地力措施的因素水平组合

（1）最高产量因素水平组合（kg/亩）。秸秆340kg，鸡粪545kg，氮17.8kg，磷（P205）7.9kg，全年产量（小麦、夏玉米）980kg/亩。利润为534元/亩。

（2）最佳效益因素水平组合（ks/亩）。秸秆342kg，鸡粪360kg，氮14kg，磷（P205）65kg，全年产量（小麦、夏玉米）952kg/亩。利润为565元/亩。

从以上可看出最佳效益组合是可行的，其投入少、产量高、易于推广，两种组合的产量、利润都较高，而化肥用量较少，主要是秸秆和鸡粪与化肥相互作用的结果，氮、磷比例协调（1∶0.44～1∶0.46），提高了氮、磷肥效。

2.秸秆还田保墒节水

（1）秸秆还田有明显的增产作用，试验表明玉米秸秆还田（400kg/亩）增产幅度为6.6%～17.8%。

（2）秸秆还能够明显地改善土壤理化性状，连续三年秸秆还田的土壤有机质、全氮、碱解氮和速效钾均以增加为主，速效磷虽然变化不大，但总趋势仍以增加为主。从大田试验可以看出：土壤速效钾的增加与秸秆还田量的增加较为一致，碱解氮的变化规律性不明显。秸秆还田300～600kg/亩，土壤的容重降低0.04～0.09g/m³，总孔隙度增加1.51%～3.21%，田间持水量增加1.11%～3.38%，饱和含水率增加0.87%～2.73%。表8-1为秸秆还田对土壤物理性状的影响。

表8-1　　　　　　　　　　　　秸秆还田对土壤物理性状的影响

处　理	容重/(g/cm³)	总空隙度/%	田间持水量/%	饱和含水率/%
300kg/亩	1.36	48.9	31.9	33.6
450kg/亩	1.33	50.0	33.7	34.3
600kg/亩	1.31	50.6	31.4	32.5
对照	1.40	47.4	30.0	31.6

（3）秸秆还田有保墒节水作用。由于秸秆还田改善了土壤理化性状，土壤的保墒能力也相应增强。据大兴测定，秸秆还田比对照同期耕层土壤含水量高6.7%。从作物生长期灌水或降雨后，小区耕层土壤特征（含水率减少过程）曲线看出，秸秆还田后土壤水分减

少的速度变慢，比对照轮灌期延长 5 天，比对照平均节水 13.5％。腐殖化系数是指单位重量的有机碳腐解一年后与残留量的百分比。秸秆在不同之地土壤中腐解速度不尽相同，砂壤土玉米秸秆腐殖化系数为 0.2，中壤土为 0.3，即砂壤质土秸秆矿质化较快，故其秸秆还田量亦应比中壤质土多。

三、节水增效剂——旱地龙技术

旱地龙是一种化学试剂，使用方法主要有拌种、叶片喷施两种形式。该试剂的主要作用有：①提高种子出苗率，促进作物根系发育；②加大茎叶面积，增强光合作用；③抗旱、增收。根据京郊作物分布的实际状况和地理、气候特点，各区县都选择了推广对象，主要有小麦、玉米、蔬菜、果树，处理方式有六种：①拌种；②拌种＋喷施一次；③拌种＋喷施二次；④拌种＋喷施三次；⑤喷施；⑥未作处理对照。

试验推广表明：使用 FA 旱地龙进行作物的拌种、喷施，有如下功用：

（1）与农药复合使用，无毒无害。

（2）促进作物根系发育，增加作物叶长、叶宽、茎粗、株高，充分进行光合作用。

（3）小麦使用旱地龙拌种、喷施可实现增产 15％左右；玉米使用旱地龙拌种、喷施可实现增产 13％左右；蔬菜使用旱地龙喷施可增产 20％左右；果树使用旱地龙喷施可实现增产 20％左右，并可提高糖度。

四、多功能种子包衣剂

多功能种子包衣剂是"九五"期间研发出的一种更节水，使用更方便、更便宜，又易推广的抗旱新技术。它是由保水剂、农药、肥料、调水剂、包衣膜等复配而成，具有抗旱保墒、防病治虫、供给营养、提高水肥利用率的多重效果，已经在试验、示范显现出良好的应用前景。

节水、增产和高效益是多功能种子包衣技术研究成果用于生产的最终目标。多功能种子包衣剂用于玉米种子包衣经济效益显著，夏玉米平均亩增产 53.5kg，亩净增收 47.15元，产投比 47∶1。春玉米亩增产 98.5kg，增收 88.65 元，产投比 89∶1；冬小麦灌溉三次水时，使用种子包衣剂每亩增产 53.6kg，增收 61.10 元，扣除包衣成本 6 元/亩，则每亩增收 55.1 元，效益费用比为 91∶8；使用种子包衣剂且省浇一次返青水时亩增产 46.9kg，增收 53.47 元，并节水 60m³。若扣除包衣成本 6 元/亩，节约电费 20 元/亩计算，每亩增收 67.47 元。

多功能种子包衣剂主要有以下优点：

（1）多功能种子包衣剂是将保水剂、农药、肥料、调节剂、包衣膜等复配而成。具有抗旱保墒，防病治虫、供给营养、提高水肥利用率的多重效果。

（2）在种子包衣剂中，微量元素是不可缺少的成分之一。但微量元素不适合用无机型，如：$ZnSO_4$、$MnSO_4$、$FeSO_4$ 等，而应把这些微量元素螯合和络合后进行种子包衣，以增强微肥的使用效果和提高包以剂的质量。

（3）多功能种子包衣剂在节水保水、提高水的利用率方面有突出的表现。大田试验中，它能使土壤含水量增加 5％～20％。特别是当土壤处于干旱，含水量明显下降时，用多功能种子包衣剂播种的作物根际含水量能大幅度提高，一般提高 1.5～5.3 倍。

（4）多功能种子包衣剂能提高出苗率，用包衣剂包衣的小麦、玉米可增强出苗率 5％

～10％，有效地防治了苗期病虫害的发生。

（5）多功能种子包衣剂可提高小麦、玉米蛋白质含量，分别提高 11.7％和 4.41％。

（6）多功能种子包衣剂增加小麦产量 19.6％，春玉米增产 30％，夏玉米增产 14％。

（7）使用多功能种子包衣剂播种的小麦比当地农民习惯拌种播种的小麦绿期延长 16 天，有利于小麦干物质积累和品质的提高。

多功能种子包衣剂除了在粮食作物中使用外，在经济作物、园艺、城市绿化、植树种草、水土保持、沙荒地改造、飞播造林、飞播种草等方面具有广阔的应用前景。

第四节　农村水管理技术

水资源供需矛盾日益尖锐。由于水利管理机制不完善，水价过低，造成资源浪费，众多问题有待解决。目前制水成本高于实收水费，亏损严重，必须找到一种既能被农民接受，又能合理利用水资源的措施。通过研究认为：当前"农村工副业和人畜饮水集中供应，农田灌溉集中管理"的供水模式大势所趋，为此必须扩大集中供水范围和适度调整水价，走一条"独立经营，自主统筹"完善水管理机制的探索之路。

一、建立乡村供水模式

农田灌溉用水实行了点、线、面、管一条龙综合节水，以机井为单位、村队统一管理的供水模式，全部是吸纳了以量计征水费。

乡镇工副业用水和农村人畜饮水，打破了一家一灶的供水方式，建起了集中连片式供水方式。规模经营、企业管理的供水区，已运行供水。

二、形成管理队伍

农田灌溉用水中，各村均建起了包括村干部、电工和管水员在内的管理小组，在乡镇水管站的指导下，负责节水工程的维修、运行和计量收费。

乡镇工副业用水和人畜饮用水由乡水管站分别派出管理小组，实行单独核算、企业管理，初步形成了懂管理、能操作运行和设备维修的管理队伍。

三、完善农村水管理机制

随着农村建设和市场经济的发展，对水利基础产业的管理工作必须加强，一方面需要必要的行政手段，另一方面必须发挥经济杠杆的作用。

乡级水利管理站要成为乡镇的一个重要经济实体，独立经营，以维护工程设备完好、保障供水为前提，在农民能接受的条件下，对各业用水的水费标准自主定价，统筹协调。这样既能充分提高水的利用率，又能调动管理人员的积极性，有利于扩大再生产。

对水费标准可按下列原则定价：

（1）分类定价。

（2）限额供水，超量升格，加价收费。

水费标准必须全乡统筹协调，既有总额平衡控制，又可分类上下浮动。既能为用水部门所接受，又要保证工程建设和管理的良性循环，以利于扩大再生产。水费标准定制后，限额供应是十分必要的。否则将破坏总体平衡，达不到合理利用资源发挥水效益和防止水危机的目的。

第九章 城市园林绿地节水灌溉

第一节 设计基础知识

城市园林绿地节水灌溉系统建设原则是在较少投资的前提下，维持较好的绿地景观效果，实现绿地节水，减少运行维护费用。

一、绿地灌溉系统组成

城市绿化节水灌溉系统一般由首部枢纽、输水管网、配水管网、灌水器、自动控制设备、排水设施等6部分组成，如图9-1所示。

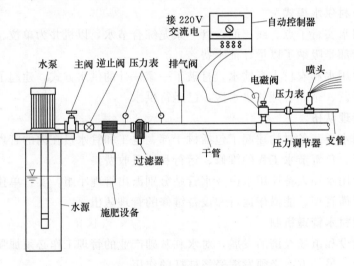

图9-1 绿地灌溉系统示意图

灌溉系统首部枢纽设备是绿地灌溉系统中最重要的部分，包括水泵、逆止阀、施肥装置、过滤器、测量仪表（压力、流量等）等，主要功能是为灌水器提供流量可靠、压力稳定、水质合格的灌溉水源，同时实现施肥功能。首部系统的设备选型与系统选型、水源条件、灌水器类型、轮灌组设置、控制方式等多种因素有关。

输水管网主要指灌溉系统的干管，配水管网主要指灌溉系统的支管、毛管。绿地灌溉系统一般分成不同小区，各小区间的管网相对独立，一个或几个小区组成一个轮灌组。输水管网与各个小区之间一般设有阀门和压力调节器，以保障每个轮灌组在压力稳定的前提下实现分区控制。

灌水器主要指地埋式喷头、微喷头、滴灌管、滴头等，灌水器的选择与绿地结构和类型（主要指乔、灌、草耗水特性）、土壤入渗性能、雾化要求等条件有关。

自动控制设备是绿地灌溉系统的关键设备之一，可以实现定时、定量供水灌溉，与手动控制相比，可以降低运行费用，节约用水，提高城市绿地的管理与养护水平。

排水设施一般由泄水阀、渗水井（或排入河流、城市排水管网等）组成，用于管网冲洗或冬季泄水，地势平坦的城市绿地一般在每个灌溉小区的末端设置排水设施，地形不平坦的绿地一般在灌溉小区地势较低处设置排水设施。

二、设计基础资料

绿地灌溉工程是城市基础设施工程的一部分，因此，在设计之前要调查收集计划灌溉区域及其附近的水源、气象、地形、土壤、植物等资料，还应收集当地或条件类似地区的灌溉试验资料、能源及设备状况、社会经济状况及对水利的要求等资料，为灌溉工程建设提供科学资料。

1. 地形资料

地形图是灌溉系统设计的主要依据，由于城市绿地的地形通常不规则、地形复杂，现有地形图上的信息量远远不能满足设计所需，因此，应到现场实测或收集有关地形资料，实地测量绘制地形图，以供设计之用。

地形图的比例尺应采用 1/100、1/200、1/500、1/1000、1/2000、1/2500 等。图上至少每 5m 布设一条等高线，应标明工程和物体的边界，现状和规划的建筑物、道路和人行道，水源的流量和压力，平均地下水位，电源的电压和容量。地形图上还应标明现状和栽培的植物、地面坡度、管道走向以及严禁喷洒的位置等。

2. 园林植物资料

应了解园林绿地类型、种植面积、配置结构和绿地建设规划，植物生育期、各生育阶段及天数，需水规律，以及主要根系活动层深度、作物高度等。对于新定植的绿化苗木，需要估计 3 年后的根冠发育趋势与耗水特征，以便选择合适的灌溉方式。

3. 土壤资料

土壤资料主要是指在灌溉区域内，地表层至植物根区深度（多为 80cm）内的土壤质地、结构、容重、田间持水量、入渗速度、保水能力、现状和规划排水等资料。这些资料对所选择的灌水器强度、绿地排水等关系甚大，是选择灌水器的主要依据。

4. 水文气象资料

水文气象资料应包括绿地灌溉区域的日照、气温、降雨、蒸发、蒸腾、湿度、风力、风向、冻土深等，作为绿地灌溉需水量与制定灌溉制度的依据。由于灌溉的水量分布受风的影响较大，因此风速是喷灌设计所必需的资料。

5. 供水水源与排水

城市绿地灌溉水源一般有：居民饮用水、河水、井水、河湖水、工业循环水、再生水、雨水等，要掌握其工程特性如水源位置、距离、管道走向、线路、穿越的障碍物等基本情况。

与喷灌工程相比，微灌工程对水质的要求更高，故了解这些水源的物理、化学和生物特性等水质情况尤为必要，以免造成灌水器的物理和化学堵塞。灌溉水质应符合同林植物灌溉水质要求。如采用喷微灌工程时，还应满足下列要求：①进入灌溉管网的水应经过净化处理，不应含有泥沙、杂草、鱼卵、藻类等；②灌溉水质的 pH 值一般在 5.5～8.0 范围内；③灌溉水的总含盐量不应大于 1000mg/L；④灌溉水的含铁量不应大于 0.4mg/L；⑤灌溉水的总硫化物含量不应大于 0.2mg/L。

排水系统是城市绿地灌溉系统的主要组成部分之一，排水系统是否通畅关系到汛期排水与冬季泄水，应了解排水管网系统的设计排水能力、位置与深度等。

6. 灌溉系统设备资料库

应搜集有关灌溉设备生产厂家产品样本目录、性能规格、价格以及已建绿地灌溉工程资料，了解主要生产厂家的供货能力、供货周期、质量特点等，以便于施工与后期管理。

7. 运行管理与费用

应了解每种植物的需水满足程度、工程投资、运行和管理费用、灌溉均匀性要求、设备损坏和被盗的风险、灌溉自动化要求、水管理政策等方面的情况。

8. 其他限制性条件

应了解需灌溉的绿地范围、不允许进行地下管道安装的区域、灌溉面积区的控制标准、获准和禁止灌溉的天数、每天的灌水时间以及其他影响灌溉工程的技术或法规等方面的限制条件。

三、设计技术参数

1. 灌溉设计保证率

灌溉工程设计保证率常作为灌溉水源规划的依据。城市绿地植物通常由乔、灌、草等组合而成，要保证这些植物能正常生长并保持其景观效果，就需建立完善的灌溉系统，以保证对植物进行适时、适量的灌溉，尤其是均匀密植的草坪及部分花草等属于浅根性植物，对水的敏感性强，一旦缺水就会明显影响其生长和景观效果，需要进行次多量少的均匀灌溉，应有较高的灌溉保证率。因此，规定城市绿地灌溉工程设计保证率不低于 90%。

2. 设计灌溉需水量

采用仲夏季节草坪需水高峰期的日需水量峰值这种最不利的条件进行灌溉系统的设计，可保证灌溉系统在任何条件下均有足够的供水能力。影响绿地草坪植物灌溉需水量的因素错综复杂，不仅有太阳辐射、相对湿度及风速等气象条件，还有当地土壤形状及其含水状况、植物种类及其生育阶段等，植物灌溉需水量最好是通过实测当地植物腾发量来获得。对于缺少实测资料的地区，可参考表 9-1 的经验数据选取。"冷"指仲夏最高气温低于 21℃；"暖"指仲夏最高气温在 21～32℃之间；"热"指仲夏最高气温高于 32℃；"湿"指仲夏平均相对湿度大于 50%；"干"指仲夏平均相对湿度低于 50%。

灌溉系统应按灌溉期植物用水高峰期所需的日需水量进行设计，由当地试验资料确定。在无试验资料时，可选用表 9-1 的经验值。

3. 喷洒强度要求

喷灌是全面积上均匀喷洒的灌溉，一般考虑的是组合喷灌强度。微灌是局部灌溉，微灌喷洒强度应按灌水器的流量除以所湿润的面积得到。

对于喷灌强度的要求是，水落到地面后能立即深入土壤而不出现积水和地面径流，即要求喷头的组合喷灌强度（$\rho_{组合}$）应不大于土壤水入渗率。各类土壤的允许喷灌强度（$\rho_{允许}$）的参考值见表 9-2。

表 9-1 典型水文年月度参考腾发量 ET_0 计算表

月份	1994 年（$P=25\%$）		1992 年（$P=50\%$）		1998 年（$P=75\%$）		1999 年（$P=95\%$）	
	日均值 /(mm/d)	月小计 /mm	日均值 /(mm/d)	月小计 /mm	日均值 /(mm/d)	月小计 /mm	日均值 /(mm/d)	月小计 /mm
1	1.3	40.1	1.1	33.2	0.8	25.5	1.3	39.4
2	1.5	42.0	1.9	56.2	1.5	43.0	2.1	60.3
3	2.9	90.4	2.5	77.4	3.2	99.9	2.0	63.4
4	4.6	137.1	4.5	135.5	4.2	125.6	3.9	115.7
5	5.7	175.2	4.8	149.0	5.3	165.3	4.7	146.2
6	5.9	178.4	5.2	155.9	5.3	160.0	5.7	171.4
7	4.8	148.2	4.7	146.1	4.5	139.5	5.2	161.0
8	3.9	122.3	3.9	119.4	4.2	129.8	4.3	133.5
9	4.1	122.2	3.6	109.3	2.9	87.8	3.0	91.4
10	2.4	73.6	2.2	67.4	2.2	69.4	2.3	72.7
11	1.1	32.8	1.4	41.2	1.3	39.1	1.3	40.0
12	1.0	32.2	0.9	29.0	0.8	23.8	1.2	37.1
合计		1194.5		1119.7		1108.9		1132.0

表 9-2 各类土壤的允许喷灌强度 $\rho_{允许}$ 单位：mm/h

土壤类型	地面坡度/%				
	0～4	5～8	9～12	13～20	＞20
砂土	24	20	14.4	9.6	6
砂壤土	18	15	10.8	7.2	4.5
壤土	14	12	8.6	5.8	2.6
壤黏土	12	10	7.2	4.8	2
黏土	10	8	5.8	2.8	2.4

另外，土壤的允许喷灌强度随着地形坡度的增加而显著减小。如坡度大于 12% 时，土壤的允许喷灌强度将降低 50% 以上。因此，对于地形起伏的工程，在喷头选型时需格外注意。

在地块的边角区域，因喷头往往是半圆或 90°，而不是全圆喷洒的喷头若选配喷嘴与地块中间全圆喷洒喷头相同，则该区域内的喷灌强度势必大大超过地块中间。所以，为保证系统良好的喷洒均匀度，一般安装在边角的喷头须配置比地块中间的喷头小于 2～3 个级别的喷嘴。为了保证喷灌系统工作时，在坡地上的喷洒区域内不产生地面径流，在平地上不产生积水，须要求设计喷灌强度不得大于土壤的允许喷灌强度。

土壤允许喷灌强度与土壤质地、喷洒水滴大小、喷洒水深、土壤的入渗速度、地面覆盖程度等有关，但目前在我国城市园林绿地业界还没有足够的实验资料用以确定在各种情况下的土壤允许喷灌强度数值。这里采用了 GBJ 85—85《喷灌工程技术规范》推荐的各类土壤允许喷灌强度的规定值和坡地允许喷洒强度降低值，再考虑到一般城市绿地地面覆盖较好的状况，经组合计算后，给出表 9-2 中各类土壤的允许喷灌度参考值。

4. 设计土壤湿润比

由于各种植物对水的反应不同，种植形式不同，要求的土壤湿润比也不同；同时由于灌水器湿润土壤的形式和范围不同，考虑到各地水源和气候条件的差异，以与《微灌工程技术规范》(SL 103—95)一样的方法，提出了微灌设计土壤湿润比的取值。微灌设计土壤湿润比应根据自然条件、植物种类、种植方式及微灌的形式确定，可按表9－3选取。

表9－3　　　　　　　　　　　　　　微灌设计土壤湿润比　　　　　　　　　　　　　　　%

植物	滴灌	微喷灌
高大乔木	25～40	40～60
草坪、地被植物	50～70	60～80
娇小乔木和灌木	20～50	40～70

5. 雾化指标

当前国际、国内多以 h_p/d 值作为喷灌雾化程度的指标，此法使用简单方便。表9－4中适宜的 h_p/d 值是我国多年生产实践中采用的数值，效果较好。当然用 h_p/d 法表示喷灌雾化程度也并非理想的办法，例如对于主喷嘴为异形或带有碎水装置时则不能使用，有待进一步改进。不同植物对喷头设计雾化指标的要求可参照表9－4选用。

表9－4　　　　　　　　　　　不同植物适宜的喷头设计雾化指标值

植物种类	喷头设计雾化指标	植物种类	喷头设计雾化指标
花卉植物	4000～5000	草坪及绿化用乔灌木	2000～3000

6. 灌溉水利用系数

微灌系统的输配水管网水量损失基本可以忽略。滴灌的水量损失主要发生于灌水器的流量变化使部分水量渗透到根系活动层以下，而喷灌和微喷灌除水头流量变化外，还存在漂移损失，故水的利用系数比滴灌低。

绿地喷灌和微喷灌的灌溉水利用系数应不低于0.85，滴灌的灌溉水利用系数应不低于0.90。灌溉系统管道水利用系数设计值不应低于0.97。气候条件变化时喷洒水利用系数可在下列范围内选取：风速低于3.4m/s时，$\eta = 0.7 \sim 0.8$。

7. 设计风速

采用喷灌时，喷灌受到风的影响会降低喷洒质量，以往在设计中因忽略风的影响导致漏喷的情况颇多，常使工程不得不返工重新布置，造成人力、物力的浪费。为此，在设计时必须考虑风的影响。

设计风速应采用仲夏季节植物月平均耗水强度峰值所在月的多年平均风速值。设计风向亦为上述月的主风向。

第二节　设计步骤、原则与绘图

一、设计步骤

灌溉系统设计首先应当满足业主期望与需求，同时要易于安装和便于管理，对于新植绿地，灌溉系统设计要具有前瞻性，至少应考虑到3年后的灌木、10年后的乔木生长状况。园林绿地灌溉工程设计一般分为需求分析与现场勘察、灌溉设备选型与配套、管网布置与水力计算、轮灌组灌溉制度制定、设计文本编写与制图、竣工验收与管理人员培训等6个环节，图9－2为园林绿地灌溉系统的设计流程。下面简要介绍每个环节的主要工作。

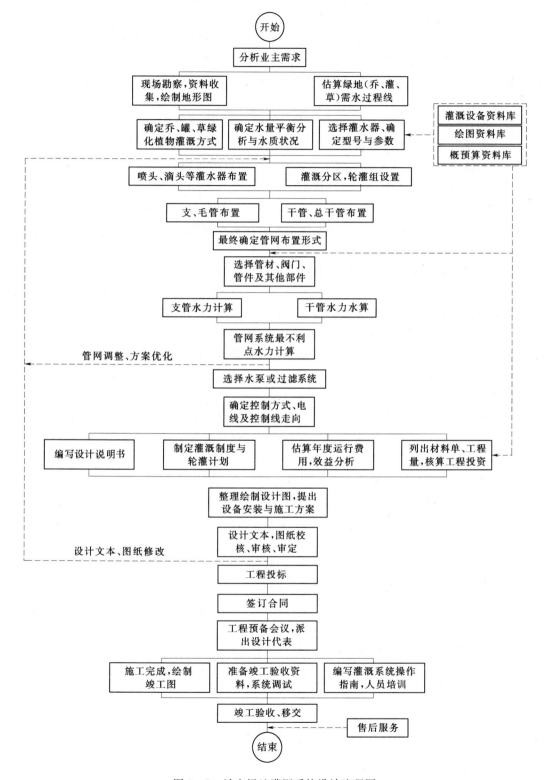

图 9-2 城市绿地灌溉系统设计流程图

1. 需求分析与现场勘察

需求分析是园林绿地灌溉工程设计的第一步。招标项目一般要认真分析招标书的相关材料，非招标项目可以直接与业主沟通，了解业主对灌溉工程的具体要求与注意事项，调查收集计划灌溉区域及其附近的水源、气象、地形、土壤、植物等资料，为灌溉工程建设提供科学依据。

现场勘查包括以下主要工作：①绘制地形图；②了解绿地冻土层内是否有影响工程施工的电线、管道等设施；③分析供水能力与水质状况，对于利用河湖水、再生水、雨水、地下水等非饮用水源为灌溉水源的工程，要对灌溉水源进行试验室分析，了解盐性、碱性、悬浮物等影响灌水器寿命、园林植物生长的主要水质标准；④了解或分析土壤渗透系数及冻土层深度；⑤了解绿地乔、冠、草等园林植物的类型、配置比例、高度、根系活动层深度等，查阅相关资料，计算、绘制绿地年度耗水过程线。

2. 灌溉设备选型与配套

灌溉设备资料库主要指预先收集到的大量的灌溉设备产品资料，可为设计者及时提供所需的灌溉设备产品性能、价格等技术参数，对于开展灌溉工程设计具有重要作用。灌水器选型主要依据乔、冠、草同林植物的类型、雾化要求、水源条件、土壤渗透率、根系活动层深度、高峰期日耗水量等指标来综合选定。管网系统、首部设备、自动控制设备及其他配套设备的选型与灌水器类型、设计标准、水源条件有关。业主的需求与投资能力对灌溉设备选型与配套起到关键性作用。

3. 管网布置与水力计算

管网布置包括支（毛）管布置与干管布置，一般先布置支（毛）管，后布置干管或总干管。支（毛）管、干管的布置要进行方案比较、优化协调，最终确定投资最省、施工方便的管网布置方案。

在管网布置之前要进行灌溉分区，灌溉分区主要依据水源的最大供水能力、灌水器类型、地形条件、园林植物类型与分布等条件，不同灌溉小区之间管网布置要相对独立，一般情况下不同灌水器不能分为同一灌溉小区，不同灌溉小区通过阀门与干管或总干管相连。

4. 轮灌组灌溉制度制定

根据灌溉分区与水源的最大供水能力编制轮灌组，轮灌组通常由一个灌溉小区或多个灌溉小区组成，根据作物灌水器技术参数、园林植物耗水规律、土壤条件、系统设计保证率等基本要素编制轮灌组的灌溉制度，以此来作为编制自动控制设备运行程序的依据。

5. 设计文本编写与制图

在上述主要4项环节完成之后，要进行数据、资料整理；列出材料单与工程量，核算工程投资；计算年运行管理费，进行效益分析；提出设备安全与施工方案。按照上述几部分内容编写设计文本，整理、绘制设计图纸。同时进入整个设计的校核、审核、审定阶段，此阶段是设计质量控制人员对设计人员产品质量的控制阶段，如果出现设计不当，需要进行方案调整与设计修改。最终确定正式设计文本，用于工程投标。

6. 竣工验收与人员培训

园林绿地灌溉工程施工期间，设计部门应当派出设计代表到施工现场，负责解释设计意图，协助施工。当设计单位与施工单位是同一单位时，施工结束前后，还需要准备竣工验收材料，编制操作指南，开展管理人员培训，直至竣工验收和移交手续完成。

二、基本原则

1. 灌水器分类选择与兼顾性原则

对于单一性种植结构的园林绿地，灌水器选择比较容易。但是，对于乔、冠、草种植配置结构复杂的园林绿地，灌水器的合理选择尤为重要，既要考虑植物之间的差异性，又要考虑不同植物之间的同一性。灌水器选择之前，一般要根据同林植物的根、冠发育特征与耗水规律进行分类，可以将根系活动深度、冠层发育或耗水规律相近的园林植物分为一类，比如，可以将针叶类常绿灌木植物分为一类，将落叶灌木植物分为一类。园林植物分类是为了更具有针对性地选择灌水器，在满足植物耗水差异性要求的同时，尽量减少灌水器的种类，以便于灌溉设备采购、灌溉工程施工与后期管理维护。

2. 灌溉系统分区设计原则

对于植物配置结构较为复杂的大型园林绿地，由于灌水器类型较多，水源的供水能力有限，为满足高峰期植物需水，灌溉工程设计应当遵循分区设计原则，所有小区的设计流量均应不大于灌溉水源的供水流量，且同一灌水小区内喷头的运行压力变化不超过20%。对于种植结构较为单一的园林绿地，可以按照以下几点进行分区：①按照水源的供水流量进行分区；②按绿地的方位进行分区，如朝阳或背阴等；③当地形坡度超过15°，且高差超过6m时，沿坡度进行分区；④其他如建筑物下的绿地、单个需额外灌溉的树木等特殊情况下的分区。对于种植结构较为复杂的园林绿地，主要按照灌水器类型、植物配置种类（草、灌木、乔木等）划分为不同的灌溉小区。

3. 灌水质量分区控制原则

灌水质量可以用灌水的均匀度、田间水的利用率等指标来表示。按照《微灌工程技术规范》（SL 103—95）关于灌水器计算允许流量偏差不大于20%的要求，按灌水器流量压力关系式，可反求对设计水头偏差率的限值，此限值也是对灌溉系统工作压力变化的限制，由此可通过系统工作压力变化的调节达到分区控制灌水质量的目的。

4. 配水管网独立布置原则

配水管网独立布置主要指不同灌溉小区的支管、毛管应当相对独立，不能交叉。支管与干管或总干管之间设有阀门以及压力调节器，成为相对独立的灌溉小区，同时，每个小区均应有排水设施，保证管网冲洗、维修与冬季泄水防冻。为节省投资和便于施工，配水管网与输水管网的布置应当进行方案比较，筛选出投资最省、施工简便的技术方案。

三、绘图

1. 计算机辅助设计

园林灌溉工程设计中，计算机辅助设计软件是必备的工具。计算机辅助设计英文名称是 Computer Aided Design，简称 CAD，是计算机技术的一个重要的应用领域，CAD 是用于二维及三维设计、绘图的系统工具，用户可以使用它来创建、浏览、管理、打印、输出、共享及准确复印富含信息的设计图形。CAD 软件具有如下特点：

（1）具有完善的图形绘制功能。

（2）有强大的图形编辑功能。

（3）可以采用多种方式进行二次开发或用户定制。

（4）可以进行多种图形格式的转换，具有较强的数据交换能力。

（5）支持多种硬件设备。

（6）支持多种操作平台。

（7）具有通用性、易用性，适用于各类用户。

2. 园林灌溉工程图例

表9-5列出了园林灌溉工程常用的设计图例。其中，大部分图例并不只代表某一个灌溉设备，而是代表某一灌溉设备及其配套管件的一个集合。比如，喷头图例代表的喷头

表 9-5　　　　　　　　　　园林绿地灌溉工程常用图例

图　形	标　注	图　形	标　注
－－－－－－ －－－－－－	套管：_ mmPVC	⊖	手动排水阀
——	管道：_ mmPVC，可以变化线条粗细或颜色表示管径大小	● ■ ⬢ ▲	升降式折射喷头：_ W/_ 号喷嘴 压力：_ MPa　半径：_ m 流量：_ m³/h
∿	管道：_ mmPE，可以变化线条的粗细或颜色表示管径大小	● ■ ⬢ ▲	升降式旋转喷头：_ W/_ 号喷嘴 压力：_ MPa　半径：_ m 流量：_ m³/h
———	现有管线，可以变化线条的粗细或颜色表示管径的大小	·	微喷集合：_ W/_ 号喷嘴 压力：_ MPa　半径：_ m 流量：_ m³/h
～	管道交叉	⊕◀	滴灌支管遥控电磁阀图例
⊢—	水源接入点图例	●◐◢ ▭ ▭	喷头不同喷洒角度表示图（270°、180°、90°）
M	水表图例	Ⓐ	灌溉控制器
F	流量传感器图例	P	泵站
R	降水传感器图例	25/A1/1″	—支管流量 —控制器的站数 —电磁阀规格
▶◀	逆止阀图例	＋	树木位置
⊖	快速接头	／＿	冲洗阀图例
Ⓦ	风速传感器图例	▶	压力调节器集合
⊗	主阀图例	⬤	喷灌或微喷支管遥控电磁阀集合

和喷头与支管之间的连接件；阀门图例代表的是电磁阀、阀门箱、防水接头以及其他相关配件。了解图例的具体含义对于快速计算灌溉设备材料单具有重要意义。

3.绘图实例

如图9-3所示，整个灌溉系统从水源接入点开始，该图中明确标注出了干管、支管、灌溉控制器等系统组成部分。

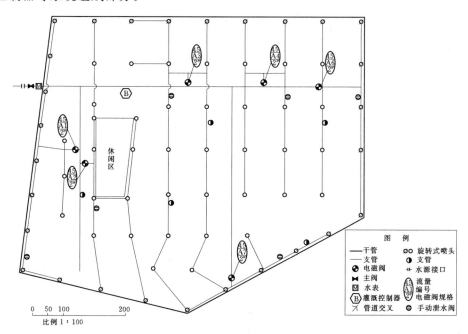

图9-3　园林绿地设计图

第三节　灌水器选型与布置

一、喷灌灌水器选型与布置

（一）喷头类型

园林绿地常见的喷灌灌水器大致可分为折射式升降喷头和旋转式升降喷头两大类。如图9-4所示，为雨鸟公司折射式喷头和旋转式喷头剖面结构图。折射式升降喷头射程较小，适合于面积较小或不规则的地块。喷头类型较多，可以喷射出不同形状，具有良好的景观效果。旋转式升降喷头射程较大，适合于灌溉大面积地块。两种喷头的特点见表9-6。

喷灌均匀系数是喷灌系统的重要指标。单喷头喷灌强度由喷头到半径距离逐渐减少，组合喷灌强度如图9-5所示，喷头间距等于设计

（a）折射式升降喷头　　　（b）旋转式升降喷头

图9-4　喷头剖面结构图

半径，曲线 *a* 是单喷头的喷灌强度分布曲线，曲线 *b* 是多喷头组合后的实测强度分布曲线，曲线 *c* 是保证绿地景观效果的设计喷灌强度，曲线 *b* 最小值要高于设计喷灌强度。图9-5只是一张简化图，实际上强度分布曲线变化更大。

表 9 - 6 　　　　　　　　折射式升降喷头和旋转式升降喷头的比较分析

分　项	升降式折射喷头	升降式旋转喷头
概述	一般为塑料制品；水流经过折射后形成景观效果	由塑料或金属制造，水压力驱动齿轮机构转动
射程	射程一般为2～8m，适合于面积较小，地形不规则绿地	射程一般为8～30m，适合于面积大面积则绿地
工作压力/kPa	100～300	250～500
喷灌强度/(mm/h)	20～60	6～15
单位面积投资/(元/m²)	8～12	6～10

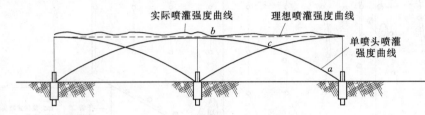

图 9 - 5　多喷头组合降水强度曲线

（二）喷头选型与布置

喷头的选型与布置应考虑灌区大小和地形、土壤入渗率、植物类型、水源流量和水压、当地气象条件（风、湿度和降雨量）等因素，根据设计选择的喷灌系统类型与喷头技术参数选用符合喷灌系统要求的喷头。

1. 喷头性能参数选择

选择喷头时应明确喷头的喷嘴直径、额定流量、压力、射程（喷洒半径）、喷洒图形等性能参数，还应附有喷头的制造商名称、喷头型号、规格和尺寸以及使用说明等材料。

2. 喷头工作压力要求

水源的压力和流量是选择喷头时要首先考虑的因素。如采用市政水源的水压可满足所选喷头的工作压力要求的话，就可不用水泵加压。在炎热干旱地区也宜采用低压大流量的喷头进行灌溉。宜尽量选用工作压力低的喷头。

3. 多风地区喷头布置

采用低仰角喷头喷洒的水的轨迹线较低且较近，可尽量避免水滴被风带走引起漂移损失。但低仰角喷头因喷嘴较小、射程近、流量也小，系统中就需布置较多数量的喷头。故低仰角喷头的选择也存在费用和效益比较的问题。多风地区灌溉时应减少喷头布置间距或选用低仰角喷头。

4. 公共场所喷头保护

地理式伸缩喷头只有在开启阀门灌溉时，喷头才在水压力的作用下伸出地面达到设定高度，进行喷洒灌溉。灌溉完成阀门关闭后，喷头在内设弹簧或在重力作用下缩回地面以下。地理式伸缩喷头的喷洒水景较好，不工作时全部埋入地下，隐蔽性好，适于公共场所、运动场或园林绿地使用。公共场所、运动场或园林绿地宜采用低埋弹出或升降式喷头，喷头顶部应配备橡胶保护盖。采用中水灌溉时，喷头顶部应配紫色的橡胶警示盖。采用地埋升降式喷头应考虑安全、维护、防破坏等因素，还应该考虑相关植物的生长潜力、景观构成，通过调节角度、替换喷嘴可达到最佳的喷洒效果。

5. 喷头止溢要求

布置在管路高程最低处的喷头应带止溢装置。

6. 同一灌水小区喷头要求

在同一灌水小区或同一阀门控制的管道上宜选用同一型号的喷头。

7. 喷头喷洒强度

为保证喷灌时不产生地表径流，减少水土流失，所选喷头的喷灌强度不能大于土壤入渗率，尤其是在坡地喷灌时更应注意。否则，就应在灌溉制度上进行调整，如进行次多量少的喷灌，以避免产生径流。

城市公园的山坡、公路护坡等坡地上常种植有稀疏植物、密集植物、地被植物、树木和分散低矮灌木等，灌溉水体不能造成侵蚀危害。在没有路界或排水沟控制水土流失时，过量的灌溉水会损害沥青路面。沿山坡、公路护坡等坡地种植的绿地灌溉应控制喷洒强度，不应造成土壤侵蚀，形成水土流失。

8. 灌水均匀性要求

灌水设备的选择和灌水小区的设计应达到或超过最小的灌水均匀要求。灌溉系统的最小灌水均匀性应不小于表 9-7 的规定值。

表 9-7　　　　　　　　　各种灌水方式的最小喷洒均匀性

分　区　类　型	最小喷洒均匀性/%	分　区　类　型	最小喷洒均匀性/%
固定式喷灌	55	微灌	80
旋转式喷灌	70		

9. 灌水器布置原则

灌水器的布置应满足喷洒均匀度要求；应避免绿地乔、灌木对喷水效果的影响；在无风的情况下水量不应喷洒到公共道路、便道、停车区、建筑物、围栏或临近财物上，在有风的情况下也不宜产生过量的超界喷洒。应根据灌区地形、水力条件以及正常灌溉期内典型的风速和主风向按直线、三角、方形和矩形等形式等间距、等密度布置喷头。喷头布置应充分考虑风对水量分布影响，当设计风速在 1.5～2.0m/s 且喷头呈方形布置的情况下，喷头的布置间距应等于喷头的射程；当设计风速大于 2.0m/s 时，喷头的布置间距应按制造商的建议减少。

10. 边角区域喷头布置原则

地块的边角区域，因喷头往往是以半圆、90°或扇形角度喷洒，而不是全圆喷洒，若选配与地块中间全圆喷洒相同的喷嘴进行喷洒，则边角区域势必大大超过地块中间区域的喷灌强度。所以，为保证整个绿地有满意的喷洒均匀度，常在边角区域配置比地块中间的喷头小 2～3 个级别的喷嘴。

11. 同一灌水小区喷头喷洒强度要求

在同一灌水小区或由一个阀门控制的灌溉管网系统内，不应布置不同类型、喷洒强度不同的灌水器，否则，将难以控制全区的喷洒质量。由于将乔、灌、草进行空间配置以获得最佳景观绿化效果，在同一小区内有时需针对不同的植物布设不同的灌水器进行灌溉，但灌水器的运行要求，分别设置闸阀进行独立控制。同一阀门控制管网或灌水小区内应布置具有相同喷洒强度的灌水器。

二、微灌灌水器选型与布置

微灌可分为滴灌和微喷两种方式，两种方式对土壤的湿润方式有所不同，滴灌是将水直接滴入土壤，而微喷是将水喷入空中一定距离后再以雨滴形式落到土壤上。滴灌可以将灌溉水直接送到每株绿化植物。

（一）滴灌灌水器

1. 滴头分类

滴灌系统的灌水器称为滴头。滴头是滴灌系统最关键的设备之一，滴头灌水均匀度与抗堵塞性能直接关系到滴灌系统的灌水效果与寿命。根据不同的分类方式滴头可分为不同类型，见表9-8，外观如图9-6和图9-7所示。

表9-8　　　　　　　　　　　　　　　　滴头分类及特点

分类依据	类　型	主　要　特　点
按滴头与毛管连接方式分类	管上式滴头	毛管上直接打孔，并安装此类滴头
	管间式滴头	此滴头安装于毛管之间，已很少见
	滴灌管（带）	制造过程中将管状或片状灌水器直接与毛管连为一体，壁厚较薄（一般小于0.4mm），卷盘后压扁成带状的称为滴灌带；壁厚较厚（一般大于0.4mm），卷盘后呈管状的叫滴灌管
按滴头流态分类	层流式滴头	层流式滴头流态指数一般为0.8~1.0之间，滴头流量变幅随压力变化较大
	紊流式滴头	紊流式滴头流态指数一般在0.5左右，滴头流量变幅随压力变化较小
按消能方式分类	长流道滴头	靠流道壁的沿程阻力消除能量，一般流道较长
	孔口式滴头	以孔口出流造成的局部水头损失来消能
	涡流式滴头	水流进入滴头的涡室形成涡流
	迷宫式滴头	迷宫流道具有扰动效能作用，流道一般较长
	压力补偿式滴头	是借助水流压力使弹性部件或能量变形使出水断面变化实现稳定出流
	自冲洗滴头	分为打开—关闭自冲洗滴头和自冲洗滴头
按出水口个数分类	单出水口	大部分滴头为单出水口
	多出水口	此类滴头一般有2~6个出水口或者更多，可以同时给多个作物园艺植供水

图9-6　管上式滴头图　　　图9-7　多孔口灌水器

2. 滴头的选择布置

滴头选择要考虑园林植物根系活动层深度、水源条件、土壤特性等，综合不同要素确定滴头的流量与工作压力。两种滴头湿润体的宽度、深度随流量增加而增加；同一流量不同土壤条件下湿润体也显著差异，黏土条件下湿润体宽度小于深度，见表9-9和图9-8。

表9-9　　　　　　　　　　　滴灌条件下土壤湿润体的变化

	时　间/h		2	4	8	12	18	24
黏土 流量0.5L/h	间距 0.33m	宽度 B/cm	13.5	16	19.5	22	27.5	32
		深度 H/cm	9.5	13	18	19	24.6	27
	间距 0.5m	宽度 B/cm	12.5	16.5	19.9	23.9	27.5	32
		深度 H/cm	10	13	18	21	24.3	26
黏土 流量1.5L/h	间距 0.33m	宽度 B/cm	16	21.5	27	32	37	41
		深度 H/cm	15.2	18.2	24.7	29.1	33.6	37
	间距 0.5m	宽度 B/cm	17	21.4	27	31	37	40
		深度 H/cm	14.8	19.8	25.6	30.2	34.7	37.2
砂土 流量0.5L/h	间距 0.33m	宽度 B/cm	12	15	19.5	22.5	27	27.5
		深度 H/cm	12.5	16	21	25	30	32
	间距 0.5m	宽度 B/cm	12.5	15.5	20.5	23.5	26	39.5
		深度 H/cm	12.5	16	22	25	28	31
砂土 流量1.5L/h	间距 0.33m	宽度 B/cm	17	22	28	35	41	45.5
		深度 H/cm	17.5	24	32.4	42	50	53
	间距 0.5m	宽度 B/cm	16.5	21	26.5	30	36	42
		深度 H/cm	17	22	28	33	40	28

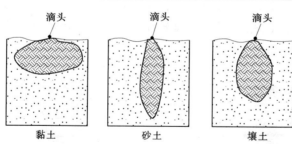

图9-8　不同土壤滴灌湿润体示意图

园林植物为带状连续分布的乔灌木，间距较小时可以选择低灌带，不连续种植且间距较大时可以选择管上式滴头，图9-9与图9-10为不同园林植物组合条件下，滴灌系统毛管布置与滴头安装方式，对于乔木或者较大的灌木一般需要安装4个滴头，较小的灌木安装1个滴头，具体布置根据实地情况确定。

（二）微喷灌灌水器

1. 微喷头分类与组成

微喷灌灌水又称微喷头，目前市场上微喷头种类较多，根据水流路径与破碎方式的不

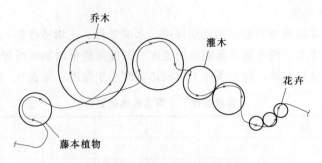

图 9-9　园林滴灌系统管网与滴头布置方式

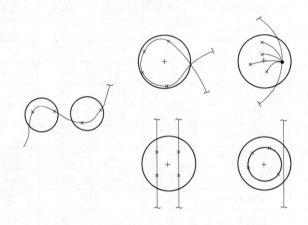

图 9-10　园林滴灌系统管网与滴头布置方式

同，可以将微喷头分为以下 3 种类型。

（1）折射式微喷头。此类微喷头设有转动部件，具有一个固定结构，起到改变水流路径、破碎水滴的作用，改变水流路径后，按照一定的角度且呈不连续水滴喷洒进入空中，降落到园林植物上，主要特点是雾化程度较高、射程小、降雨强度高、结构简单、价格便宜，如图 9-11 所示。

图 9-11　折射式微喷头图

图 9-12　旋转式微喷头

（2）旋转式微喷头。此类微喷头具有一个旋转机构，起到改变水流路径、破碎水滴的作用，旋转机构在水流反作用力的驱动下，旋转向空中均匀抛洒水滴，降落到园林植物上，主要特点是射程较远、雾化程度较高，降雨强度较小，如图 9-12 所示。

（3）离心式微喷头。此类微喷头的出水口为一条缝隙，出水口与入水口连为一体，在空气阻力下粉碎散成水滴,主要特点是价格便宜、射程较小、降水强度较大。

图9-13 微喷头结构田
1—桥;2—喷洒器;3—喷嘴;
4—防雾化器;5—转换支架;
6—毛管;7—插杆;8—毛
管接头;9—快接头

微喷头组成:微喷头一般由接头、连接管、支撑杆、转换接头、喷头体、喷嘴、分流器等7部分组成,有些微喷头还设有开关阀。微喷头一般按照套件销售,结构如图9-13所示。

2. 微喷头性能及选型

(1)微喷头流量与工作压力。按照流量的大小,可以将其分为小流量微喷头(20~40L/h)、中流量微喷头(50~90L/h)和大流量微喷头(100~240L/h)。微喷头射程一般为1~7m,工作压力一般为0.1~0.2MPa。

(2)喷洒强度。从表9-10可看出折射式微喷头和旋转式微喷头两种喷头的喷洒强度不相同。这些结果表明,微喷头的喷洒水量分布越均匀,越可以降低土壤水分张力,越有可能采用较长的灌水时间。可见灌同一定额的水量,旋转式微喷头由于水量分布均匀,灌水利用率较高;旋转式微喷头的有效喷洒面积占湿润面积的比例最大;使用旋转式微喷头可使灌水时间延长,需要劳动力较少。

表9-10　　　　　　　　　　　　不同微喷头喷洒效果比较

项　　　目	折射式微喷喷头		旋转式微喷头
	70L/h	120L/h	70L/h
喷洒直径/mm	4.2	6.0	5.4
喷洒面积/m²	13.8	28.3	22.9
有效喷洒面积/m²	11.0	12.6	21.1
出水量/L	1000	1400	1400
灌水利用率/%	74.6	80.3	97.0
渗透损失/%	21.4	14.7	0
蒸发损失/%	4	5	3
全损失/%	25.4	19.7	3.0
灌水周期/d	7	11	15

(3)微喷头选型。微喷头主要适用于同林绿地的局部灌溉,微喷头选择主要依据土壤渗透速率、管网工作压力、湿润比等来确定微喷头流量与压力参数,同时,根据土壤渗透速率确定适宜的降水强度与微灌灌水器类型,避免地表积水或深层渗漏。

(三)微灌设备选型与配套

(1)微灌灌水器选择。微灌工程所选用的灌水器是否合理,直接影响到工程投资、灌水质量和管理工作的难易。对于密植行种植物,选用滴灌管可达到条带湿润土壤的要求;对于乔灌等植物,选用多孔出水毛管、细流灌水器和微喷灌水器均能满足微灌要求。

轻质土壤宜选用流量较大的滴头或微喷灌水器,以增大灌溉水的横向扩散范围;粘性土壤宜选用流量较小的灌水器,以避免产生地表径流。

干旱地区选用滴水或渗水灌水器，目的是减少地面蒸发损失。

应综合考虑灌区土壤、植物、气象条件等因素，选择能满足设计灌水方式要求的灌水器。微灌灌水小区应满足下列要求：

1）在滴灌、微灌小区的总控制阀处应设过滤装置。

2）应将滴灌、微灌系统控制的灌水小区与其他灌水方式控制的灌溉面积区分开来，分别进行灌溉。

3）应根据植物的需水量和根区深度分别采用滴灌/微灌灌水方式。

4）应设压力补偿装置以改善灌水的均匀性。

5）应在灌水器的上游设压力调节装置。

6）宜将各毛管端部连接起来进行灌溉。

7）微灌系统应设空气阀以减少脏物或其他污物进入灌水器。

8）每次灌水完毕后应打开冲洗阀冲洗支管。

（2）因滴灌/微灌系统不易受蒸发、风、地表径流等影响，故应将滴灌/微灌系统与其他灌水方式控制的灌溉面积区分开来，以便根据实际情况分别进行灌溉。

（3）城市绿地灌溉通常采用市政供水系统作为水源，但由于市政供水的水源压力随机波动，有可能损害微灌系统的灌水器。而带有压力补偿装置的灌水器只能调节出水量，对因水源系统的压力波动而对灌水器结构本身造成的损害不起作用。故只有在确知水源的可能最大压力小于微灌系统灌水器的最大允许压力时，才能忽略压力对调节装置的影响。

（4）将单个毛管的末端连接起来，可以改进微灌系统的灌水均匀性，当滴灌管损坏时可以减少可能的堵塞。这可使微灌系统压力均衡，也有助于冲洗滴灌管内的碎物。

（5）设空气阀后可减少脏物被吸入管网内的可能性，也可防止其他污物进入灌水器内。

第四节　城市绿地节水灌溉模式

由于各地社会经济发展水平不一，即使在同一城市中，因绿地所处位置不同，其对灌溉系统的要求也差别极大，故应选择适合当地条件的绿地节水灌溉系统配置模式。

一、灌水方式选择原则

城市绿地灌溉常采用地理式喷灌、微喷灌、脉冲式微喷灌、滴灌、小管出流、渗灌等灌溉方法。喷灌、微喷灌、脉冲式微喷灌因在喷水的同时，还可以营造良好的水景造型效果，故发展较快，灌水设备也多种多样。而滴灌、小管出流、渗灌等直接将水送到灌溉植物的根区，灌水效率高，但景观效果差。

喷灌系统适用于植物集中连片的种植条件，微灌系统适用于植物小块或零碎的种植条件，为最大限度地发挥其综合效益，应尽量与当地供水情况相结合。

喷灌系统有不同的类型。按管道敷设方式可分为固定式喷灌系统和移动式喷灌系统，按控制方式可分为程序控制喷灌系统和手动控制喷灌系统，按供水方式可分为自压型喷灌系统和加压型喷灌系统。规划时，应根据喷灌区域的地形地貌、水源条件、可投入资金数量、期望使用年限和操作人员的技术水平等具体情况，选择不同类型的喷灌系统。不同类型的喷灌系统有着各自的优势。必要时可对几个不同的方案进行经济技术比较，择优采纳。也可根据不同的现场条件兼用不同类型的喷灌系统，以求发挥整体优势，更有效地利用有限的资金和水源条件。在资金分期到位的场合，可根据资金到位情况分期修建喷灌系统。

微灌包括滴灌、微喷灌、涌泉灌等多种形式，它们有共同的节水、节能、适合局部灌溉的优点，但也有各自的特点和适用条件。因此在规划时应根据水源、气象、地形、土壤、植物种植等自然条件，以及经济、生产管理、技术力量等社会因素，因地制宜地选择微灌形式，可以是一种，也可以是几种形式组合使用。

在供输水方式上，有的直接采用市政管网的水源，有的利用水泵加压，有的采用变频恒压供水。在灌水管理方面，有的采用人工手动控制，有的采用基于传感器的全自动或半自动化程序控制进行灌溉。各种灌水方式的投资差别较大，在选用时应根据绿地所处地点、对灌水技术和景观要求、投资、运行管理费用等因素，经技术经济比较后确定。

对面积较大的草坪应采用移动式和固定式喷灌为主的灌水方式；对乔灌木应采用以滴灌、微喷等为主的灌水方式；对花卉应采用滴灌、微喷等为主的灌水方式；对面积较小的绿化种植区和行道树还可采用人工洒水的灌水方式。

二、新植树木灌水要求

新植树木应在连续 5 年内进行灌溉；对土壤保水能力差或根系生长缓慢的树种，可适当延长灌水年限。

三、水车浅灌要求

采用水车对树木逐个灌水时，要保证一次浇足浇透，严禁采用高压水流，以免冲毁树堰。灌水前要筑树堰，树堰高度不低于 10cm。树堰直径，对有铺装地块的以预留池为准；否则，乔木应以树干胸径 10 倍左右或树冠垂直投影的 1/2 为准，并保证不跑水、不漏水。

四、古树名木保护

所谓古树是指树龄在 100 年以上的树木；名木是指国内外稀有的以及具有历史价值和纪念意义、重要科研价值的树木。古树名木分为一级和二级。凡是树龄在 300 年以上，或特别珍贵稀有，具有重要历史价值和纪念意义、重要科研价值的古树名木为一级；其余为二级。

城市园林绿地中古树名木较多，古树名木不仅是人类的财富，也是国家的活文物，一级古树名木要报国务院建设行政部门备案；二级古树名木要报省、自治区、直辖市建设行政部门备案。

绿地灌溉工程不应影响古树名木的生长，在布置管道时应避开古树名木。古树名木目前暂不宜使用再生水进行灌溉。

五、喷头的布置

喷头的布置应以水不喷洒到道路、公共车道或便道、停车区的车上、附近建筑物、围栏上等为原则。应预计在有风雨的情况下灌溉系统运行时可能的超界喷洒情况。

六、分行种植灌水要求

在特定的地块分行种植不同的植物时，要根据不同植物的灌水要求，分行布设灌水器，以使灌溉均匀，限制行间杂草的生长，同时还考虑植物的植保方便。

七、居住区周围植物灌水要求

沿居住区建筑物周围，常种植窄行稀疏灌木、窄行密植一年生植物及窄行混种灌木及开花植物，对这些植物灌溉时要求不能过量，水不能喷洒到建筑物的窗上或墙上，防止破坏建筑物的外墙涂料或灰装，从而对围墙造成褪色等破坏。

街道中央隔离带通常很窄，常作为绿化带，种植有树木、低灌木及一年生植物及抗旱植物等，布置灌水器时要考虑水一定不能喷洒到街道上，注意安装工人的安全。在居住区的绿化植物的栽植要求、绿化带种植最小宽度要求、绿篱树种植要求以及相应的灌水方式可分别参照表9－11～表9－13进行。

表9－11　　　　　　　　　　绿化植物栽植要求与灌水方式

名　称	不宜小于（中－中）/m	不宜大于（中－中）/m	灌水方式
一行一道树	4.0	6.0	滴灌、喷灌或人工灌水
两行行道树	2.0	5.0	滴灌、微灌或人工灌水
乔木群栽	2.0	—	滴灌或喷灌
乔木与灌木	0.5	—	微灌或喷灌
灌木群伐（大灌木）	1.0	2.0	滴灌或喷灌
（中灌木）	0.75	0.5	微灌或喷灌
（小灌木）	0.2	0.8	微灌或喷灌

表9－12　　　　　　　　　　绿化带种植最小宽度要求与灌水方式

名　称	最小宽度/m	灌水方式
一行乔木	2.0	滴灌、喷灌或人工灌水
两行乔木（并列栽植）	6.0	滴灌、喷灌或人工灌水
两行乔木（棋盘式栽植）	5.0	滴灌、喷灌或人工灌水
一行灌木带（小灌木）	1.5	滴灌、微喷或人工灌水
一行灌木（大灌木）	2.5	滴灌、微喷或人工灌水
一行乔木与一行绿篱	2.5	滴灌、喷灌或人工灌水
一行乔木与两行绿篱	2.0	滴灌、微喷或人工灌水

表9－13　　　　　　　　　　绿篱树种植要求与灌水方式

栽植类型	绿篱高度/m	株行距/m		篱宽度/m	罐水方式
		株距	行距		
一行中灌木	1～2	0.4～0.6	—	1.0	滴灌
两行中灌木		0.5～0.7	0.4～0.6	1.4～1.6	滴灌或微喷
一行小灌木	<1	0.25～0.25	—	0.8	滴灌
两行小灌木		0.25～0.25	0.25～0.2	1.1	滴灌或微喷

八、停车场灌水要求

在停车场绿地内常种植有稀疏的大型树木、密植植物，在停车场隔离区种植有窄行地面植被、窄行稀疏植物，在隔离带内种植有稀疏植物、地面植被和灌木，对这些植物灌溉时不能过量，水不能喷洒到车上。过量灌溉会形成排水不畅，对沥青路面造成损害，严重的会使土壤板结。停车场的周界、车位间和地面的绿化以及相应的灌水方式可参照表9-14进行。

表9-14 停车场绿化与灌水方式

绿化部位	植物种植方式与特点	灌水方式
周界绿化	较密集排列种植灌木和乔木，乔木树干要求挺直，车场周边可种植攀缘植物进行垂直绿化	滴灌
车位间绿化	不宜种植花卉，绿化带一般宽位1.5～2m，乔木沿绿带排列，间距不应小于2.5m	滴灌或微喷
地面绿化	种植耐碾压草种	微喷

九、人工地基、平台、屋顶植物灌水要求

对人工地基的栽植地面（如屋顶、平台），可用人工浇灌，也可采用微喷和低压滴灌系统。平台上植物种植要求与灌水方式可参表9-15进行。在布置配水管时，应预埋排水管，或采用开沟、打孔等措施，以便排涝。

表9-15 平台上植物种植要求与灌水方式

种 植 物	种植土最小厚度/cm			灌水方式
	南方地区	中部地区	北方地区	
花卉草坪地	20	40	80	微喷
灌木	50	60	80	滴灌或微喷
乔木、藤本植物	60	80	100	滴灌或微喷
中高乔木	80	100	150	滴灌

十、排水要求

为防止植物因涝致死，在雨季可采用开沟、埋管、打孔等排水措施及时对绿地和树池排涝，通常绿地和树池内积水不超过24h；宿根花卉种植地积水不得超过12h。屋顶绿地应采用屋面找坡，设排水沟或排水管进行排水。

第五节 绿地灌溉工程设备选型与配套

一、管材与管件的选型

1. 管材选择原则

管道属地埋隐蔽性工程，若因管材质量问题而引发工程质量事故，损失将会很大，故在选择管材时应予以高度重视。

现代城市绿地灌溉管网多采用塑料管材，选择塑料管时应掌握的关键技术指标是管材的耐静水压参数必须符合有关产品标准规定。若管材的耐静水压指标不合格，则该批管材就为不合格产品。

在选择塑料管材时，要注意索要管材的出厂和合格证、检验报告、使用的塑料原料级

别及牌号，还要注意管材的外观、长度、颜色、不圆度、外径及壁厚、生产日期等。

应按造价低、使用寿命长、可靠性高、配套性强、安装维修方便等原则，根据灌溉系统管网的设计要求，选择符合设计工作压力与管径要求的管材与管件，并应附有必要的说明。严禁使用由废旧塑料制作的管材和管件。

2. PVC、PE 管材要求

所选择的埋地聚氯乙烯管材应按《给水用硬聚乙烯（PVC – U）管材》（GB/T 10002.1）的要求生产，埋地聚乙烯管材应按《给水用聚乙烯（PE）管材》（GB/T 13663）和《给水用低密度聚乙烯（LDPE、LL – DPE）管材》（QB/T 1430）的要求生产，聚丙烯管材应按《给水用聚丙烯（PP）管材》（QB/T 1929）的要求生产。

3. PVC、PE 管件要求

所选择的埋地聚氯乙烯管件应按《给水用硬聚乙烯（PVC – U）管件》（GB/T 10002.2）的要求生产，埋地聚乙烯管件应按《给水用聚乙烯（PK）管件》（GB/T 112662.2）的要求生产。

4. 移动金属管材和管件要求

所选择的移动金属薄壁管材和管件应按《喷灌用金属薄壁管及管件》（JB/T 7870）的要求生产，金属薄壁管材的壁厚、耐水压、密封这三项技术指标应符合标准规定的要求，这三项关键技术指标若有一项不合格，则该批管材就为不合格产品。

5. 管材额定压力要求

所选塑料管材和管件的额定压力应高于管道设计压力的 1.5 倍，其他管材的额定压力应高于管道设计压力。当采用市政水源时，应考虑到市政管网水源压力的突然升高对灌溉管网系统可能造成的损害。

6. 复杂地形管材选择

对管网系统压力变化较大的灌溉系统，可根据各段对工作和流量的要求选择不同材质和规格的管材。

7. 连接件强度要求

PVC 塑料管道之间的连接宜采用胶粘剂粘结，塑料管与金属管配件、阀门等的连接宜采用螺纹连接或法兰连接。

PE 管材、管件以及管道附件的连接应采用热溶连接（热溶对接、热溶承插连接、热溶鞍形连接）及机械连接（锁紧型和非锁紧型承插式连接、法兰连接、钢塑过渡连接）。公称外径大于 63mm 以上的 PE 管道不得采用手工热溶承插连接，PK 管材、管件不得采用螺纹连接和粘接。

移动金属薄壁管材和管件的连接应采用承插或球形连接。其他刚性管材如混凝土管、铸铁管、钢管的连接应采用承插、法兰、焊接等方式连接。管道连接部位的各物理力学性能不得低于所连接母体的相应性能。

8. 塑料管材老化防护

非埋地塑料管道材质配方中应含有防紫外线的添加剂。

9. 微灌专用管及管件选择

灌溉系统尤其是微灌系统要求各种管及管件耐腐蚀、不生锈。因此，在过滤器以下至田间的输配水管道用塑料管。聚氯乙烯（PVC）管的密度大，同样壁厚的聚氯乙烯管比聚乙烯管能承受较大的压力，价格低，连接方便。直径 63mm 以上各级管道均可以采用聚氯乙烯管；直径 50mm 以下的田间配水管道，工作压力较低，为便于安装施工，通常用聚乙烯（PE）管。管与管件的选择必须使其公称压力符合灌溉系统设计要求，并应不透光、抗老化、施工方便、连接牢固可靠。

二、水泵及动力机选择

1. 水泵选择

具体选择水泵时，要考虑到灌区水源条件、可用动力资源状况以及与景观相协调等因素，根据设计阶段计算确定的水泵设计流量和扬程，参照有关水泵生产厂家的产品样本目录，选择按国家现行有关标准生产的节能高效型水泵。为确保满足使用要求，所选水泵的实际流量和扬程一般应稍大于上述设计计算值。

在城市绿地地段，若选用离心泵，因需建泵房，有时会因城市规划或景观因素而受到限制。若采用市政水源，管道泵则是一个不错的选择。因采用管道泵时仅做简单的保护箱柜即可，可不用专门建泵房，还可充分利用原水源的压力。取用井水时，宜选用潜水泵。

对于直接利用城市供水管网作为水源的灌溉系统，不必选择水泵，而是应校核供水管网所能提供的压力是否满足灌溉系统所需的压力（即上述计算的扬程值）。若不满足，一般需增大各级管径，以减小水头损失；或选择性能好的低压喷头，使灌溉系统所需压力不大于城市供水管网的压力。

2. 动力机选择

动力机可选择电动机或内燃机。内燃机因运行时的噪音污染，应用在园林绿地灌溉时往往会受到限制，故在电力供应有保障时应选用电动机。应根据水泵转速、功率、可用动力资源以及环境景观要求等选择动力机。

3. 备用件

当绿地灌溉系统只设置一套抽水装置时，应考虑备用抽水装置并配备足够数量的易损零部件。

三、控制、量测与保护装置

1. 土壤湿温度传感器与气象传感器

中央自动化控制灌溉系统是通过预先编制好的控制程序和根据各类传感器（土壤水分、温度、压力、水位和雨量传感器等）反映的灌水技术参数，自动起闭水泵并按一定的轮灌顺序进行灌溉，灌溉期间可以不需要人的直接参与。半自动化灌溉系统一般不安装各类传感器，仅根据预先设定的灌水时间、灌水量和灌溉周期等来灌溉。

2. 水量、压力量测装置

水量计量装置是灌溉系统的必备设备，是水资源定额管理与水费征收的主要依据。对于手动控制系统，一般采用机械式水表；对于自动控制系统，可以采用流量传感器，流量传感器也可以成为定量灌溉的主要依据之一。为防止灌溉系统产生太大的水头损失，通过水表的最大允许水头损失应小于水表静压力的 10%，通过连接水表管线的水流速度不应超过 2.2m/s，通过水表的最大流量应不超过该水表最大安全流量的 75%。一般水表产品样本提供有水表的水头损失—流量的关系图表，由管道设计流量确定选择水表直径，使得水头损失值小于水表静压力的 10%。

在管道首端和管道压力变化较大的部位，应选择安装量程与灌溉系统设计工作压力相匹配的压力表，灌溉系统应选择阻力损失小、灵敏度高、量程大的水表及 2.5 级压力表，所选用的压力表量程是系统设计压力的 1.2～1.4 倍，对于自动控制灌溉系统应当采用具有远传功能的压力传感器。

3. 进排气装置

在管道沿线高程的最高处应安装进排气阀，进排气阀的进气和排气量应满足该管段进气和排气的要求。进排气阀规格（连接口径）可根据被排气管道直径的 1/4 确定，如管道直径为 100mm，则所需安装的进排气阀尺寸为 25mm。

4. 喷头、埋地管网保护装置

在人们活动的绿地或运动场草坪上，应选择带有保护盖的升降式喷头，在穿越道路管段，应选择具有足够强度和刚度的外套管。

5. 压力调节装置

当管道较长或压力变化过大时，应选择并在适当部位设置节制阀或压力调节装置，压力调节装置的输出压力范围应满足喷灌系统设计工作压力的要求。

四、过滤器设备选择

这里引用《微灌工程技术规范》（SL 103—95）的规定。微灌工程经常使用的水质净化处理装置有旋流水砂分离器、叠片式、筛网式过滤器和砂过滤器。选择过滤器种类主要根据灌水器的孔径和水源水质条件，如选择筛网过滤器时，一般按灌水器出水孔的 1/10～1/7 来确定相应筛网目数和砂过滤器的清污能力。除此之外，选择水处理装置时还要考虑这些装置本身的除污能力和特性。

旋流水砂分离器能清除水中粒径大于 $75\mu m$ 以上的大比重颗粒，但不能清除水中的固体有机物；筛网过滤器的清污能力与筛目数有关，200 目的筛网能清楚 $80\mu m$ 以上的固体颗粒，但是很容易被大粒径的砂粒和水生藻类堵塞，从而降低过滤能力；砂过滤器既能清除水中 $50\mu m$ 以上的固体颗粒，又能清除藻类和水生物，但是管理维护较复杂，投资较高。因此，要根据水源水质情况选用一种或两种以上的过滤器，才能保证微灌系统正常运行。

微灌系统中必须安装水质净化设施。水质净化设施应根据水质状况和灌水器的流道尺寸进行选择，并满足系统设计要求：

（1）灌溉水中无机物含量小于 10ppm，或粒径小于 $80\mu m$ 时，宜选用砂过滤器、200 目筛网过滤器或叠片式过滤器。

（2）灌溉水中无机物含量在 10～100ppm 之间，或粒径在 80～$500\mu m$ 之间时，宜选用旋流水砂分离器或 100 目筛网过滤器作初级处理，然后再选用砂过滤器。

（3）灌溉水中无机物含量大于 100ppm，或粒径大于 $500\mu m$ 时，应使用沉淀池或旋流水砂分离器作初级处理，然后再选用 200 目筛网或砂过滤器。沉淀池的表面积负荷率不宜大于 2.0mm/s。

（4）灌溉水中有机污物含量小于 10ppm 时，可选用砂过滤器或 200 目筛网过滤器。

（5）灌溉水中有机污物含量大于 10ppm 时，应选用初级拦污筛作第一级处理，再选用砂过滤器或 200 目筛网过滤器。

五、施肥与化学药物注入装置选择

1. 压差式施肥罐

压差式施肥罐的工作原理是把灌溉系统输水管网中的水导入罐体内，这样罐体内的肥料就与水混合，然后依靠输水管网中的水压把水肥混合液压入输水管中。这种施肥罐的优点是结构简单，制造容易，价格较低，不需外加动力设备。缺点是施肥罐必须能承受管网系统中的压力（包括水击）；肥料浓度变化大并且无法控制；由于罐体容积有限，添加肥料次数频繁且麻烦，劳动强度大；此外就是由于输水管网设有调压阀而造成一定的压力损失。

2. 文丘里注肥器

文丘里注肥器的工作原理是管道上有一收缩段，使水流在此加速，并产生负压，将容器内的肥料吸入。此种施肥器的优点是结构简单，没有动作部件，肥料溶液自开敞式容器中吸取，在产品规格和型号上变化范围大，价格便宜。其缺点是抽吸过程中水头损失大，大多数类型至少损失 1/3 的进水口压力；对压力和流量的变化较为敏感，灌溉管网系统运行情况的波动会较大地影响混合比，从而影响施肥均匀性，甚至影响泵的吸肥功能；实行自动化控制还未达到；此外，每种型号运行的范围都很窄。还应注意的是，当产生抽吸作用的压力降过小或进口压力过低时，水会从主管道流入施肥罐以致产生肥料溶液外溢并使周围淹渍。

3. 电动注射泵

电动注射泵是通过活塞或隔膜的动作，把液肥注入输水管网中，使用该装置的优点是肥液浓度稳定不变，施肥质量好，效率高，但因依靠电力操作，所以使用受到一定限制。

4. 水力驱动施肥泵

水力驱动施肥泵在国外得到了广泛的应用，型式有两种，即活塞式水力驱动施肥泵和隔膜式水力驱动施肥泵。这种泵是将肥液从开敞的肥料罐中注入灌溉系统，其工作原理相当复杂，它依靠水压驱动，无需外加动力，并依据水压调节注肥量。其优点是可控制剂量和施肥时间，重量轻，易于移动，节省劳力，运行费较低；虽对水压变动的敏感性很强，但却方便用计算机或小型控制器控制。这类泵的缺点是零部件很多，装置复杂，肥料需溶解后使用，在使用过程中需持续排水。

应根据肥料和化学药物的施用量和施用时间以及要求的注入均匀程度等来选择注入装置。可选择的注入装置主要有文丘里施肥器、压差式施肥罐、水动或电动注射泵等。

六、自动控制设备选择

园林绿地宜选用自动控制灌溉系统。应根据绿地灌溉工程规模、自动控制系统的复杂程度以及当地经济条件等因素，因地制宜地选用闭环控制灌溉系统或开环控制灌溉系统。图 9-14 为灌溉自动控制器系统示意图。

绿地灌溉系统所选择的控制器应达到以下功能要求：①控制器的控制站点数应当大于等于灌溉小区数，每个站点并联的电磁阀功率总和应当小于每个站点的电磁阀额定功率；②控制器应具有防雷电功能；③控制器应具有遇雨停灌或延时灌水功能。

埋地低压电缆应按现行有关国家标准生产并应满足运行要求。电缆的电压降应不超过

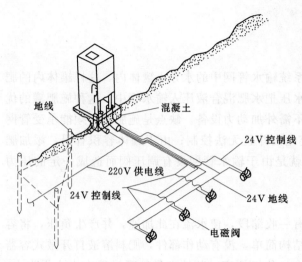

图9-14　灌溉自动控制器系统示意图

正常电压的 2%，所选用的电缆在扣除电压降后，应能保证输送到系统中最远端自动遥控控制阀的电缆电压还能使阀门可靠的运行；电缆应是一般钢带错装电缆，应用防水接头连接并放置在阀门盒内；在阀门盒内的每根电缆应至少留有 90cm 长的松弛电缆线。

七、阀门选型

干管首部、灌溉小区首端应设置开关阀，阀门分手动阀和自动阀门，自动控制设备的广泛应用是城市绿地节水的发展趋势。用于自动控制的阀门种类很多，如按操作的方式可分为水动阀、电磁阀等；按功能可分为开闭阀、截止阀、逆止阀、体积阀、顺序动作阀等。必要时，主控制阀应能动手操作。

应选择止水性能好、耐腐蚀性强、操作灵活的流量、压力控制阀、进排气阀和冲洗排污阀门。所选择的阀门应为新的产品并附有阀门的制造商名称，阀门型号、规格和尺寸。所选择的阀门箱或盒应具有足够的空间用于阀门的维修，并带有防破坏、防盗装置。

通常选择与支管公称管径相同的阀门作为轮灌支管的控制阀。选择阀门时还应注意阀门的过流能力和压力损失因素，对于自动控制灌溉系统中的电磁阀，必须根据其技术性能来选用。应选择与支管公称管径相匹配的支管控制阀。

第六节　系统维护与管理

一、一般要求

灌溉水源工程按有关工程技术规范进行设计。设计蓄水池时，应考虑沉淀要求。从河道或渠道中取水时，取水口处应设拦污栅和集水池，集水池的深度和宽度应满足沉沙、清淤和水泵正常吸水要求。

1. 调蓄池容积确定

对于兼起调蓄作用的蓄水池，其容积应通过水量平衡计算确定。当蓄水池为完全调节时，其容积应满足灌溉系统植物灌一次关键水要求。

2. 池塘防渗

当采用池塘蓄水时，应进行渗透分析，必要时采取防渗措施。

3. 水源防污

灌溉水源工程应防止水质被污染。蓄水池和引水渠宜加盖封闭，蓄水池结构应便于进行水处理。

4．水处理建筑物

灌溉水处理建筑物设计可按《室外给水设计规范》（GBJ 50014—2006）（2013 年版）的有关规定执行处理。

5．废水处理

清洗过滤器、化肥罐的废水不得排入原水源中。

二、首部枢纽

1．泵房布置

泵房平面布置及设计，可按《泵站设计规范》（GB/T 50265—2010）或《灌溉与排水工程设计规范》（GB 50288—1999）的有关规定执行。

2．枢纽用房

首部枢纽房屋应满足机电设备、过滤器、施肥、安全保护和量测控制设备等集中安装。化肥和农药注入口应安装在过滤器进水管上游。

三、管道系统

1．管网布置原则

灌溉管网布置应遵循下列原则：

（1）符合灌溉工程总体要求。

（2）使管道总长度最短且直，水头损失小、总费用省和管理运用方便。

（3）避免穿越乔、灌木区，地下管线和其他地下建筑物。

（4）地下管线应绕开古树名木。

（5）满足各用水单位需要，能迅速分配水流。

（6）输配水管道沿地势较高位置布置，支管垂直于植物种植行布置，毛管顺植物种植布置。

（7）管道的纵剖面应力求平顺，减少折点；有起伏时应避免产生负压。

（8）注意减少控制阀门井数量，降低维修成本，并将阀门井、泄水井布置在绿地周边区域，以便于操作。

2．管网形式选择

灌溉管道系统可根据地形、水源和用水情况，采用环状管网或树枝状管网。

3．管道分级

灌溉管网应根据水源位置、地形、地块等情况分级，一般应由主管、支管和毛管三级管道组成。灌溉面积大的可增设总干管、分干管或分支管，面积小的也可只设支、毛管两级。

4．管网压力分区

管网压力分布差异较大时，可结合地形条件进行压力分区，采用不同压力等级的管材和不同的灌溉方式。

5．节制装置

各级管道进口应设置节制阀，分水口较多的输配水管道，每隔 2～5 个分水口应设置一个节制阀；管道沿线高程最低处和管道末端应设置冲洗排水阀；在地埋管道的阀门处应设阀门井；宜沿干、支管至泄水井方向找坡。

6. 进排气阀

应根据水力特征，在相应位置设进排气阀或水锤防护装置。

（1）在水泵出口逆止阀或压力池放水阀下游，以及可能产生水锤负压或水柱分离的地方安装进气阀。

（2）在管道起伏的高处、顺坡管道上端阀门的下游，逆止阀的上游或长度大于 2km 但无明显驼峰的管道中段安装排气阀。

（3）水泵出口处（逆止阀下游或闸阀上游）安装水锤防护装置。

7. 管网真空防护

如管道纵向拐弯处可能产生真空，应留出 2～3m 水头的余压。

8. 配水口

各用水单位应设置独立的配水口。配水口的位置、给水栓的型式和规格尺寸，应与相应的灌溉方法或移动管道连接方式一致。

9. 管道伸缩装置

对刚性连接的硬质管道，应设置伸缩装置。固定式塑料管道相邻固定端之间每隔20～60m 间距宜设伸缩节。

10. 管道坡度布置

地形复杂处可采用变管坡布置。管道中心线敷设最大纵坡不宜大于 1：1.5，倾角应不大于土壤的内摩擦角。

11. 管道地基

管道应布置在坚实的地基上，避开填方区可能产生滑坡或受山洪威胁的地带。

12. 管道埋深

管道埋深应根据土壤冻层深度、地面荷载和机耕要求确定。固定管道宜埋在地下，易损管材必须埋在地下。埋深应不小于 60cm，并应在冻土层以下。微灌干、支管埋深应不小于 50cm，毛管埋深不宜小于 20cm。

13. 管道穿越保护

塑料管道穿越交通道处应设置套管，套管强度应满足地埋交通荷载的要求。

14. 管道镇墩

应根据管道布置情况、地形条件、管道受力状况、土壤承载、管道稳定要求设置管道镇墩。铺设在地面上直径不大于 100mm 的固定管道，应在拐弯处设置镇墩。镇墩尺寸应通过计算确定，基底深度应在冻土层以下不小于 20cm。岩基上镇墩应加铺杆、两个镇墩之间的管道应设置伸缩节或柔性接头。管道悬空段必要时应经分析计算设置支墩。

15. 管基处理

固定管道应根据地形、地基和直径、材质等条件来确定敷设坡度以及对管基的处理方式。铺设在松软地基或有可能发生不均匀沉降地段的刚性管道，对管基应进行处理。

四、灌溉制度

1. 制定灌溉制度

制定灌溉制度时应考虑如下参数：灌水小区面积、灌水器喷洒强度、用水高峰期间用水量、灌溉周期、灌水时间、灌水定额、灌水次数、灌水间隔时间等。

关于灌水时间，在炎热的夏天不宜中午灌水，其原因：①蒸发量最大，水的利用率低；②易烫伤草坪。夜晚比白天灌水可节约 10％的水量，但清晨灌水最为理想，这对于全自动或半自动的灌溉系统不成问题。灌水时间还应考虑人为因素的影响，如高尔夫球场、足球场草坪或公共场所应避开人们运动或活动期间进行灌溉。

灌水延续时间与系统的喷洒强度和土壤的持水能力（田间持水量）有关。当喷洒强度大于土壤的允许喷洒强度时，地面将产生径流或积水。按不产生径流为原则，须将一次灌水的延续时间分为多次、间隔一定时间进行灌溉。这种灌水方式，对采用半自动或全自动方式控制控制的灌溉系统是极容易实现的。

灌溉制度应根据不同季节按旬或月为单位制定，参照实际灌水效果和降雨情况随时加以调整。

2．灌溉分组

对于较大灌溉系统，常采用轮灌工作制度，即将支管划分若干组，每组设独立的阀门进行控制，由干管轮流向各组灌水。

轮灌组的数目应根据草坪需水要求、所控制灌溉面积及水源情况，考虑灌水周期、灌水延续时间、每天允许运行时间的情况后进行划分。

对每个轮灌组的流量要求尽可能一致；同一轮灌组中，所选灌水器的型号或性能相似，所种植的植物品种一致或对灌水的要求相近。

手动控制时，常要求一个轮灌组所控制的灌溉面积集中连片。但自动灌溉控制系统则恰恰相反，因其易于分散干管中的流量，从而达到减小管径的目的。宜将整个灌溉面积划分若干组，每组设阀门控制，轮流灌水。

参 考 文 献

［1］ 董冠群，金来鋆．农村水利技术实用手册［M］．北京：水利电力出版社，1989．

［2］ 水利部科技教育司．低压管道输水灌溉技术［M］．兰州：兰州大学出版社，1991．

［3］ 傅琳．微灌工程技术指南［M］．北京：水利电力出版社，1988．

［4］ 水利部农村水利司，中国灌溉排水技术开发培训中心．渠道防渗工程技术［M］．北京：中国水利水电出版社，1999．

［5］ 水利部农村水利司，中国灌溉排水技术开发培训中心．喷灌与微灌设备［M］．中国：水利水电出版社，1998．

［6］ 水利部农村水利司，中国灌溉排水技术开发培训中心．喷灌工程技术［M］．北京：中国水利水电出版社，1999．

［7］ 刘洪禄，吴文勇，郝仲勇．城市绿地节水技术［M］．北京：中国水利水电出版社，2006．

［8］ 刘洪禄，丁跃元，郝仲勇，等．现代化农业高效用水技术研究［M］．北京：中国水利水电出版社，2006．

［9］ 李宗尧．节水灌溉技术［M］．北京：中国水利水电出版社，2010．

［10］ 水利水电科学研究院水利所．畦田灌水技术研究［J］．北京水利科技，1990（2）：17－22．